Machine Learning
Intelligent Image Processing Based
on OpenCV and Python

机器学习

基于OpenCV和Python
的智能图像处理

高敬鹏　江志烨　赵娜　编著

机械工业出版社
China Machine Press

图书在版编目（CIP）数据

机器学习：基于 OpenCV 和 Python 的智能图像处理 / 高敬鹏，江志烨，赵娜编著 . —北京：机械工业出版社，2020.5（2022.10 重印）

ISBN 978-7-111-65436-0

I. 机… II. ①高… ②江… ③赵… III. ①图像处理软件 – 程序设计 ②软件工具 – 程序设计 IV. ① TP391.413 ② TP311.561

中国版本图书馆 CIP 数据核字（2020）第 068328 号

机器学习：基于 OpenCV 和 Python 的智能图像处理

出版发行：机械工业出版社（北京市西城区百万庄大街 22 号 邮政编码：100037）

责任编辑：赵亮宇 责任校对：李秋荣

印　　刷：固安县铭成印刷有限公司 版　　次：2022 年 10 月第 1 版第 4 次印刷

开　　本：186mm×240mm　1/16 印　　张：14.5

书　　号：ISBN 978-7-111-65436-0 定　　价：79.00 元

客服电话：（010）88361066　68326294

前　言

　　图像处理又称为数字图像处理，是指对图像进行分析、加工和处理，使其满足视觉方面需求的一种技术，它也是信号处理在图像领域的一种重要应用。随着计算机技术、人工智能和思维科学研究的迅速发展，图像处理向更高、更深的层次发展，目前已经涌现出多种智能化图像处理技术，如图像识别、图像分割等，图像处理的智能化、自动化已逐渐成为未来发展的方向。

　　本书利用 Windows 系统下的 Anaconda 搭建环境，并基于 OpenCV 框架和 Python 语言，详细阐述了智能化图像处理的实现方法。本书共 12 章，主要内容包括智能图像处理入门、Python 基础、图像处理基础、图像几何变换、图像直方图处理、图像平滑滤波处理、图像阈值处理、图像形态学处理、图像分割处理、图像梯度及边缘检测、图像轮廓检测与拟合、人脸识别实现等，最后结合具体案例，使用 Python 语言和 OpenCV 库函数阐述图像处理技术。

　　循序渐进，易学易懂：本书按照由浅入深、循序渐进的原则编写，并与大量实例相结合，使读者可以边学边练，从而提高学习的兴趣与效率。

　　实例丰富，涉及面广：本书提供了丰富的 OpenCV 设计实例，内容涉及智能图像处理的多个领域。

　　兼顾原理，注重实用：本书侧重于实际应用，精简理论，从理论与实践相结合的角度叙述智能图像处理技术，兼顾理论知识的同时，更注重具体实例的实现与应用。

　　以上特点可帮助初学者快速入门，提高他们对图像处理技术的兴趣，并使他们在短时间内掌握智能图像处理技术的要点。本书具有以下特点：

　　书中程序的调试工作由哈尔滨工程大学的王甫同学完成，为本书编著工作提供帮助的还有武超群、宋一兵、王献红、管殿柱等。

IV

感谢你选择本书，希望我们的努力对你的工作和学习有所帮助，也希望你把对本书的意见和建议告诉我们。

编　者

2020 年 3 月

CONTENTS

目　录

第 1 章

智能图像处理入门

1.1 智能图像处理概述

图像处理技术一般指数字图像处理，它是将图像信号转换成数字信号并利用计算机进行处理的过程。早期数字图像处理的目标是改善图像质量，以人为对象，以改善视觉效果为目的。随着计算机技术、人工智能和思维科学研究的迅速发展，数字图像处理逐渐向更高、更深的层次发展。目前已经涌现出多种智能化图像处理的技术，如图像识别、图像分割等，利用计算机系统实现图像处理的智能化、自动化已逐渐成为未来发展的方向。

在 20 世纪 50 年代，人们开始利用计算机来处理图形和图像信息，而数字图像处理作为一门学科大约形成于 20 世纪 60 年代初期。1964 年，美国喷气推进实验室（JPL）对航天探测器徘徊者 7 号发回的几千张月球照片使用了图像处理技术，比如几何校正、灰度变换、去除噪声等，用计算机成功地绘制出月球表面地图。随后又对探测飞船发回的近十万张照片进行更为复杂的图像处理，获得了月球的地形图、彩色图及全景镶嵌图，取得了非凡的成果。

数字图像处理在医学上也获得了巨大成就。1972 年，英国 EMI 公司工程师 Housfield 发明了用于头颅诊断的 X 射线计算机断层摄影装置，就是现代医学检查常用的 CT。1975 年，EMI 公司又成功研制出全身用的 CT 装置，可获得人体各个部位鲜明清晰的断层图像。1979 年，这项无损伤诊断技术获得了诺贝尔奖。同一时期，图像处理技术在许多应用领域，如航空航天、生物医学工程、工业检测、机器人视觉等受到广泛关注并取得了重大成就，正在逐渐成为一门前景光明的新型学科。从 20 世纪 70 年代中期开始，随着计算机技术和人工智能的迅速发展，数字图像处理向更远、更深层次发展。人们已经开始研究如何使用计算机系统解释图像，以实现通过类似人类视觉系统的计算机系统理解外部世界，这被称为图像理解或计算机视觉，进而推动了图像处理的智能化和自动化发展。

OpenCV 于 1999 年由 Intel 建立，如今由 Willow Garage 提供支持。OpenCV 是一个基于 BSD 许可发行的跨平台计算机视觉库，可以运行在 Linux、Windows、MacOS 操作系统上。它简洁而且高效，由一系列 C 函数和少量 C++ 类构成，同时提供了 Python、Ruby、

MATLAB 等语言的接口，实现了图像处理和计算机视觉方面的很多通用算法，广泛应用于图像识别、运动跟踪、机器视觉等领域。

1.2   环境搭建

数字图像可以使用多种语言进行处理，本书以 Python 语言为基础，以 OpenCV 为框架，对图像处理的一些基本技术进行介绍，实现计算机图像和视频的编辑。

1.2.1   安装 Python

Python 是一种流行的解释性编程语言，它具有语法简单、优雅的特点。Python 在 1989 年由"龟叔"开发，随后将其面向全世界开源，这也导致 Python 的发展十分迅速。如今，Python 已经成为一门应用广泛的开发语言。安装 Python 有多种方式，本书采用 Windows 系统下的 Anaconda 安装。这种安装方式比较简单，十分适合刚接触 Python 的读者进行学习。

Anaconda 是 Python 的一个开源发行版本，包含 conda、python 等 180 多个科学包及其依赖项。本节将介绍如何安装 Anaconda、如何在 Anaconda 的虚拟环境下搭建 OpenCV，以及一些常用库的安装。

首先，从官网上下载 Anaconda 安装包。如图 1-1 所示，根据计算机系统的不同，Anaconda 官网提供了不同的安装包，本书使用的是 Anaconda 3.7 版本。下载地址为 https://www.anaconda.com/download/。

其次，安装包下载完成后，在相应文件夹中找到下载完成的 .exe 文件，双击该文件出现如图 1-2 所示的 Anaconda 安装界面。

单击 Next 按钮，出现如图 1-3 所示的许可协议界面。

单击 I Agree 按钮，出现如图 1-4 所示的选择安装类型界面。

在该界面中，如果计算机用户较多，则选择 All Users（requires admin privileges）；如果只是自己使用，则选择 Just Me（recommended）。之后，单击 Next 按钮，出现如图 1-5 所示的选择安装地址界面，安装地址默认为 C 盘的用户目录，也可以自行选择，单击 Next 按钮，出现如图 1-6 所示的高级安装选项界面。

勾选 Add Anaconda to my PATH environment variable 复选框，即可将 Anaconda 添加到我的路径环境变量，这一选项默认直接添加用户变量，后续不用再添加。勾选 Register Anaconda as my default Python 3.7 复选框，即将 Anaconda 注册为默认的 Python 3.7。最后单击 Install 按钮进行安装，出现如图 1-7 所示的安装界面。

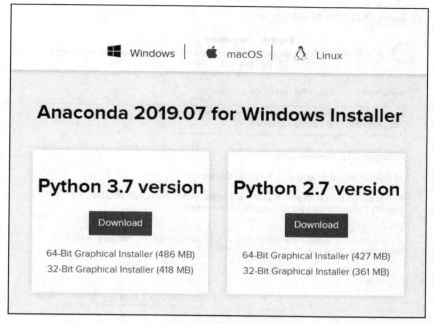

图 1-1 Anaconda 官网下载

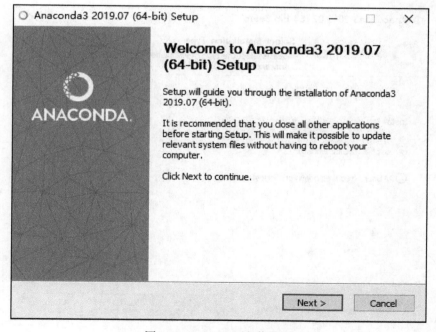

图 1-2 Anaconda 安装界面

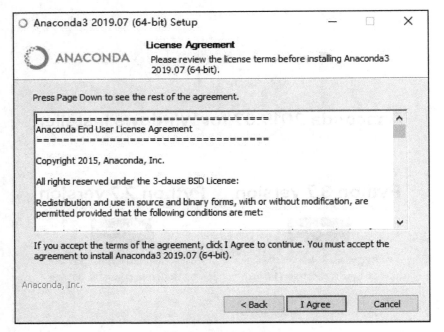

图 1-3   许可协议界面

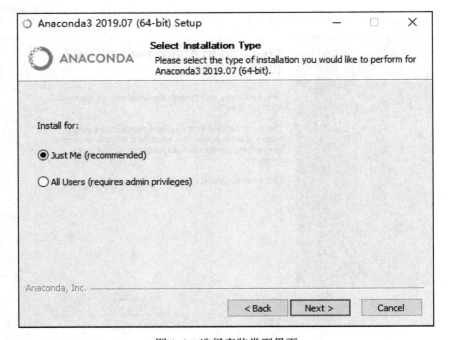

图 1-4   选择安装类型界面

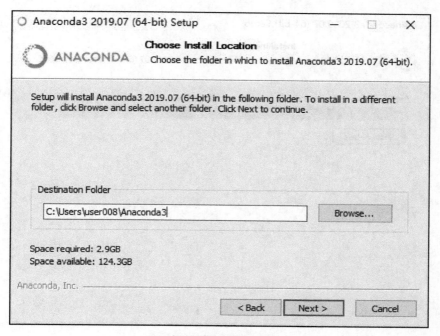

图 1-5　选择安装地址界面

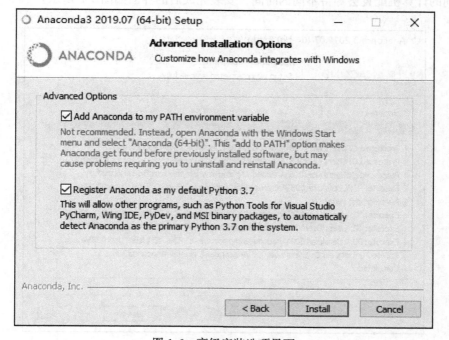

图 1-6　高级安装选项界面

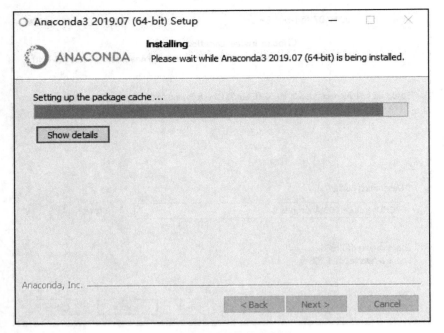

图 1-7 安装界面

不同的计算机配置会等待不同的时间，安装完成后的界面如图 1-8 所示。

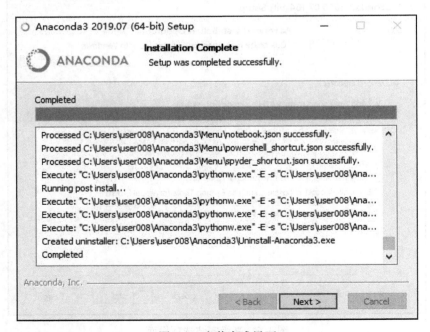

图 1-8 安装完成界面

安装完成后，单击 Next 按钮，出现如图 1-9 所示的 Anaconda3 2019.07（64-bit）Setup 界面。

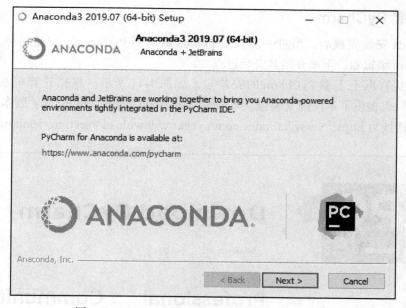

图 1-9　Anaconda3 2019.07（64-bit）Setup 界面

单击 Next 按钮，出现如图 1-10 所示的安装结束界面。

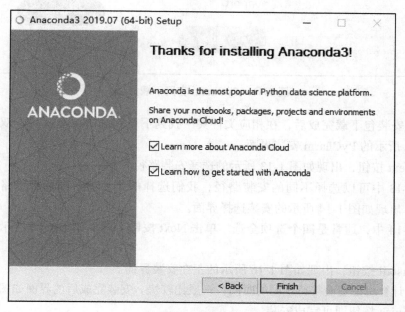

图 1-10　安装结束界面

在图 1-10 中，可以取消勾选两个复选框，最后单击 Finish 按钮完成安装。

1.2.2 安装 PyCharm

Anaconda 安装完成后，可进一步安装 Python 编辑器 PyCharm。它是一种十分简易且有效的 Python 编辑器，下面介绍其安装过程。

首先，从官网上下载 PyCharm 的安装包，如图 1-11 所示。根据计算机系统的不同，PyCharm 官网也提供了不同的安装包，本书使用的是 PyCharm Community 版本，它是开源版本。下载地址为 https://www.jetbrains.com/pycharm/download/#section=windows。

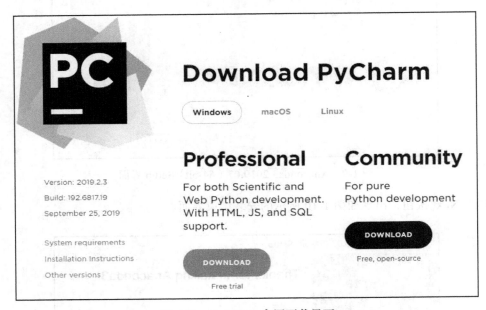

图 1-11   PyCharm 官网下载界面

其次，安装包下载完成后，在相应文件夹中找到下载完成的 .exe 文件，双击该文件出现如图 1-12 所示的 PyCharm 安装界面。

单击 Next 按钮，出现如图 1-13 所示的选择安装路径界面。

在图 1-13 中可以选择不同的安装路径，我们选择的是 F 盘。选择安装路径后，单击 Next 按钮，出现如图 1-14 所示的安装选择界面。

在图 1-14 中，通常是四个选项全选。单击 Next 按钮，出现如图 1-15 所示的准备安装界面。

单击 Install 按钮，出现如图 1-16 所示的正在安装界面。

不同的计算机配置会等待不同的时间，一般比较快。安装完成后的界面如图 1-17 所示。

单击 Finish 按钮即可完成安装。

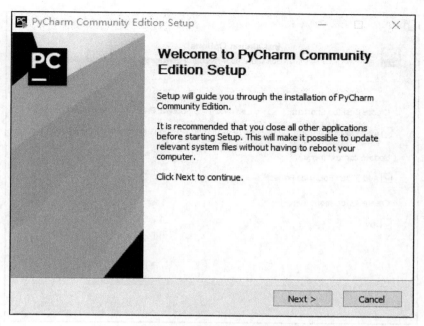

图 1-12　PyCharm 安装界面

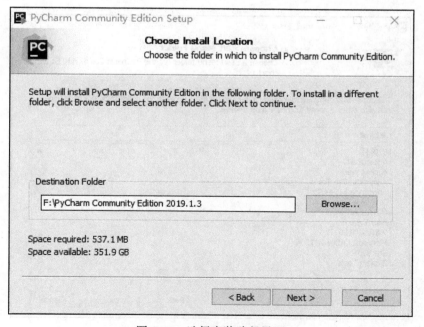

图 1-13　选择安装路径界面

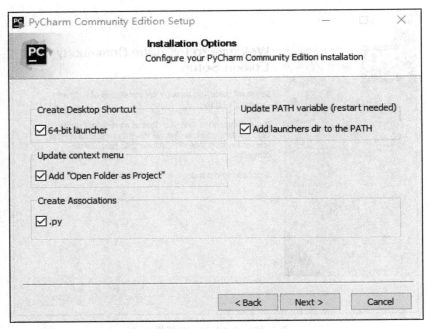

图 1-14   安装选择界面

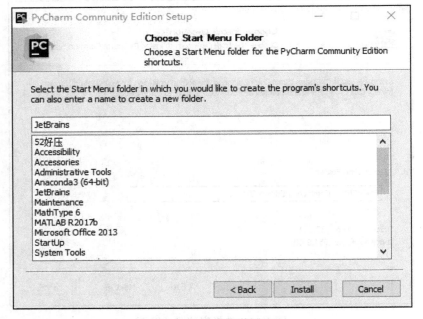

图 1-15   准备安装界面

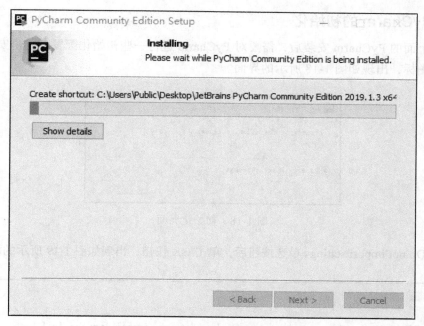

图 1-16　正在安装界面

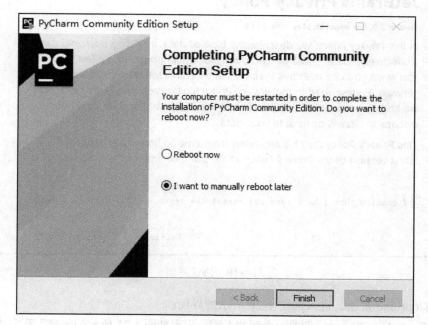

图 1-17　安装完成界面

1.2.3 PyCharm 的初始化

完成上面的 PyCharm 安装后，需要对 PyCharm 进行一些初始化配置。单击安装完成的 PyCharm 图标，出现如图 1-18 所示的界面。

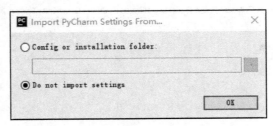

图 1-18   初始化界面

选中 Do not import settings 单选按钮后，单击 OK 按钮，出现如图 1-19 所示的协议界面。

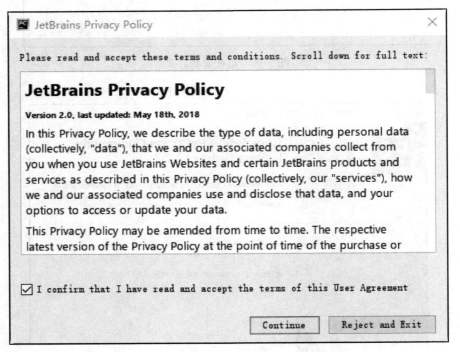

图 1-19   协议界面

单击 Continue 按钮，进入如图 1-20 所示的界面。

单击 Create New Project，创建一个新的工程，出现如图 1-21 所示的创建工程完成界面。

如图 1-22 所示，右击工程名，依次选择 New → Python File。

图 1-20　创建工程开始界面

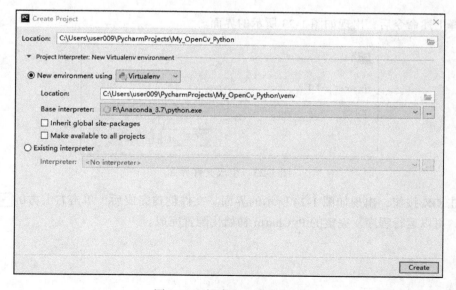

图 1-21　创建工程完成界面

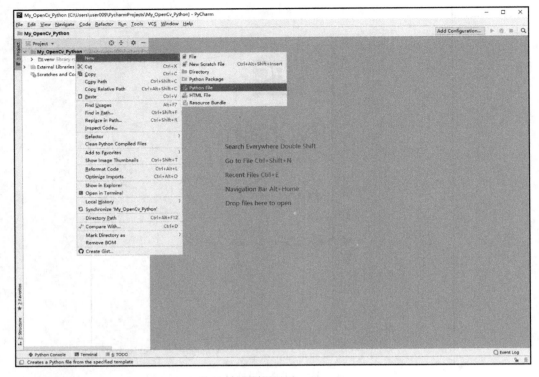

图 1-22 创建文件界面

选择上述命令后，出现如图 1-23 所示的界面。

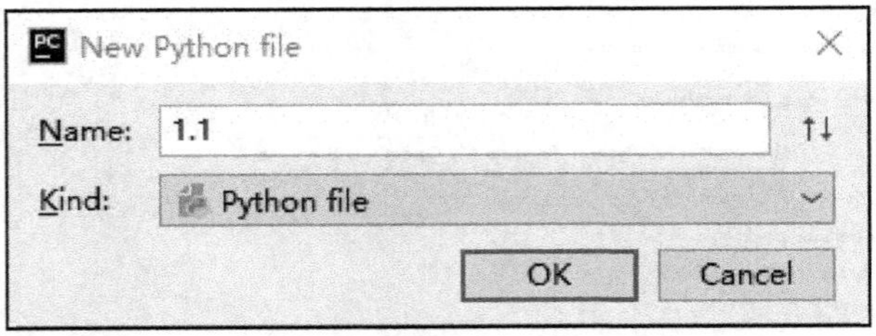

图 1-23 生成文件界面

单击 OK 按钮，出现如图 1-24 所示的界面。文件创建完成后，单击右上方的 ▶ 按钮开始仿真，可以运行程序。完整的 PyCharm 初始化配置完成。

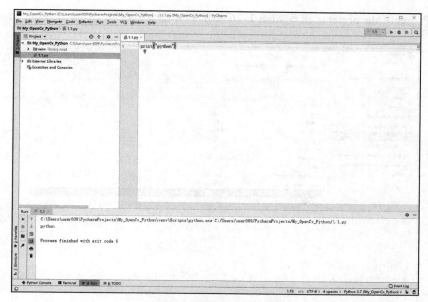

图 1-24　文件创建完成界面

1.2.4　OpenCV 及常用库的配置

在完成 PyCharm 的初始化配置后，接下来配置 OpenCV 及一些常用库。单击图 1-24 中左上角的 File，之后单击 Settings，出现如图 1-25 所示的配置界面。

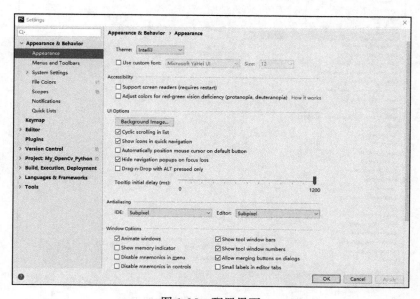

图 1-25　配置界面

单击 Project Interpreter，出现如图 1-26 所示的界面。

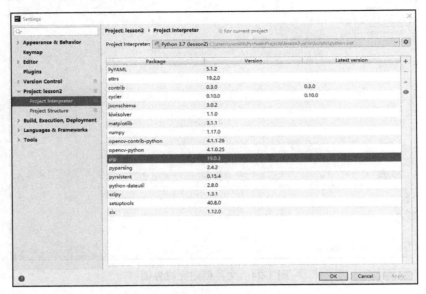

图 1-26　OpenCV 配置界面

双击 pip，出现如图 1-27 所示的界面。

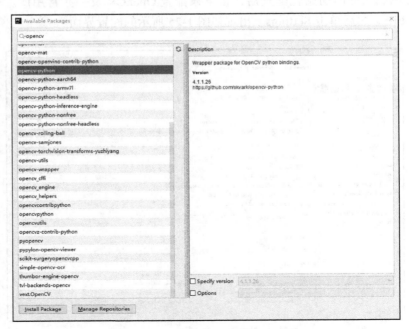

图 1-27　OpenCV 库函数配置界面

单击图 1-27 中左下角的 Install Package 按钮，出现如图 1-28 所示的界面。

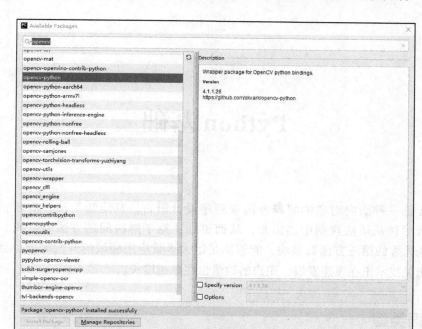

图 1-28　安装成功界面

可以用同样的方法安装其他常用的库，如 Numpy、matplotlib、OpenCV-contrib-python 等图像处理常用库。

1.3　思考与练习

1. 概念题

（1）简述 Anaconda 的安装过程。

（2）简述 PyCharm 的安装过程及环境的配置。

2. 操作题

（1）上机安装 Anaconda 与 PyCharm 软件，熟悉其安装过程。

（2）熟悉 OpenCV 环境的配置。

（3）创建属于你的第一个工程文件。

第 2 章

Python 基础

Python 是一种面向对象的解释型高级程序设计语言，其语法简洁、清晰、优雅，能够使初学者尽快从语法规则中走出来，从而更加注重于解决问题方法的研究。Python 语言具有大量优秀的第三方函数模块，能够满足绝大多数应用领域的开发需求。目前，基于 Python 的相关技术正在飞速发展，用户的数量也在急速增长。

2.1 数据类型

根据数据所描述的信息，可将数据分为不同的类型，即数据类型。对于高级程序设计语言来说，其数据类型都明显或隐含地规定了程序执行期间一个变量或一个表达式的取值范围和在这些值上所允许的操作。

Python 语言提供了一些内置的数据类型，在程序中可以直接使用。Python 的数据类型通常包括数值型、布尔型、字符串型等最基本的数据类型，这也是一般编程语言都有的一些数据类型。此外，Python 还拥有列表、元组、字典和集合等特殊的复合数据类型，这是 Python 的特色。

2.1.1 数值类型

数值类型一般用来存储程序中的数值。Python 支持三种不同的数值类型，分别是整型（int）、浮点型（float）和复数型（complex）。

1. 整型

整型就是我们常说的整数，没有小数点，但是可以有正负号。在 Python 中，可以对整型数据进行加（+）、减（-）、乘（*）、除（/）和乘方（**）的操作，如下所示。

```
>>>2 + 3
5
>>>5 - 3
2
```

```
>>>2 * 3
6
>>>6 / 2
3
>>>2 ** 3
8
```

另外，Python 中还支持运算次序，可以在同一个表达式中使用多种运算，还可以使用括号来修改运算次序，如下所示。

```
>>>(2 + 3) * 2
10
>>>2 + 3 * 2
8
```

 注意　在 Python 2.x 版本中有 int 型和 long 型之分。其中，int 表示的范围在 $-2^{31} \sim 2^{31}-1$ 之间，而 long 型则没有范围限制。在 Python 3.x 中，只有一种整数类型，范围没有限制。

2. 浮点型

Python 将带小数点的数字都称为浮点数。大多数编程语言都使用这个术语，它可以用来表示一个实数，通常分为十进制小数形式和指数形式。相信大家都了解 5.32 这种十进制小数。指数形式的浮点数用字母 e 或者（E）来表示以 10 为底的小数，e 之前为整数部分，之后为指数部分，而且两部分必须同时存在，如下所示。

```
>>>65e-5
0.00065
>>>6.6e3
660.0
```

对于浮点数来说，Python 3.x 提供了 17 位有效数字精度。
另外请注意，上述例子的结果所包含的小数位数是不确定的，如下所示。

```
>>>5.01 *10
50.000999999999998
```

这种问题存在于所有的编程语言中，虽说 Python 会尽可能找到一种精确的表示方法，但是由于计算机内部表示数字的方式，在一些情况下很难做到，然而这并不影响计算。

3. 复数型

在科学计算中经常会遇到复数型的数据，鉴于此，Python 提供了运算方便的复数类型。对于复数类型的数据，一般的形式是 $a+bj$，其中 a 为实部，b 为虚部，j 为虚数单位，如下所示。

```
>>>x = 5 + 8j
>>>print(x)
(5+8j)
```

在 Python 中，可以通过 .real 和 .imag 来查看复数的实部和虚部，其结果为浮点型，如下所示。

```
>>>x.real
5.0
>>>x.imag
8.0
```

2.1.2 字符串类型

在 Python 中可以使用单引号、双引号、三引号来定义字符串，这为输入文本提供了很大便利，其基本操作如下。

```
>>>str1 = "hello Python"
>> print(srt1)
Hello Python
>>>print(str1[1])          # 输出字符串 str1 的第二个字符
e
>>>str2 = "I'm 'LiHua'"    # 在双引号的字符串中可以使用单引号表示特殊意义的词
>>>print(str2)
I'm 'LiHua'
```

在 Python 中，使用单引号或者双引号表示的字符串必须在同一行表示，而三个引号表示的字符串可以多行表示，这种情况多用于注释，如下所示。

```
>>>str3 = """hello
Python!"""
>>>print(srt3)
Hello Python!
```

在 Python 中不可以对已经定义的字符串进行修改，只能重新定义字符串。

2.1.3 布尔类型

布尔（bool）类型的数据用于描述逻辑运算的结果，只有真（True）和假（False）两种值。在 Python 中一般用在程序中表示条件，满足为 True，不满足为 False，如下所示。

```
>>>a = 100
>>> a < 99
False
>>>a > 99
True
```

2.2 变量与常量

计算机中的变量类似于一个存储东西的盒子，在定义一个变量后，可以将程序中表达式所计算的值放入该盒子中，即将其保存到一个变量中。在程序运行过程中不能改变的数据对象称为常量。

在 Python 中使用变量要遵循一定的规则，否则程序会报错。基本的规则如下。

（1）变量名只包含字母、数字和下划线。变量名可以以字母或下划线开头，但不能以数字开头。例如，可将变量命名为 singal_2，但不能将其命名为 2_singal。

（2）变量名不包含空格，但可使用下划线来分隔其中的单词。例如，变量名 open_cl 可行，但变量名 open cl 会引发错误。

（3）变量名应既简短又具有描述性。例如，name、age、number 等变量名简短又易懂。

（4）不要将 Python 关键字和函数名用作变量名。例如，break、if、for 等关键字不能用作变量名。

2.3 运算符

在 Python 中，运算符用于在表达式中对一个或多个操作数进行计算并返回结果。一般可以将运算符分为两类，即算术运算符和逻辑运算符。

2.3.1 运算符简介

Python 中，如正负号运算符 " + " 和 " − " 接受一个操作数，可以将其称为一元运算符。而接受两个操作数的运算符可以称为二元运算符，如 "*""/" 等。

如果在计算过程中包含多个运算符，其计算的顺序需要根据运算符的结合顺序和优先级而定。优先级高的先运算，同级的按照结合顺序从左到右依次计算，如下所示。

```
>>>10 + 2 *3
16                      # 计算顺序为先乘法，后加法
>>>(10 + 2) * 3
36                      # 计算顺序为先加法，后乘法
```

 注意 赋值运算符为左右结合运算符，所以其计算顺序为从右向左计算。

2.3.2 运算符优先级

Python 语言定义了很多运算符，按照优先顺序排列，如表 2-1 所示。

表 2-1   Python 运算符优先级

运算符	描述
or	布尔"或"
and	布尔"与"
not	布尔"非"
in, not in	成员测试
is, is not	同一性测试
<, <=, >, >=, !=, ==	比较
|	按位或
^	按位异或
&	按位与
<<, >>	移位
+, −	加法与减法
*, /, %, //	乘法、除法、取余、整数除法
~x	按位反转
**	指数 / 幂

2.4   选择与循环

在 Python 中，选择与循环都是比较重要的控制流语句。选择结构可以根据给定的条件是否满足来决定程序的执行路线，这种执行结构在求解实际问题时被大量使用。根据程序执行路线的不同，选择结构又可以分为单分支、双分支和多分支三种类型。要实现选择结构，就要解决条件表示问题和结构实现问题。而循环结构也是类似，需要有循环的条件和循环所执行的程序（即循环体）。

2.4.1   if 语句

最常见的控制流语句是 if 语句。if 语句的子句即 if 语句在条件成立时所要执行的程序，它将在语句的条件为 True 时执行。如果条件为 False，那么将跳过子句。

1. if 单分支结构

在 Python 中，if 语句可以实现单分支结构，其一般的格式为：

```
if 表达式 ( 条件 )：
    语句块 ( 子句 )
```

其执行过程如图 2-1 所示。

例如，判断一个人的名字是否为"xiaoming"：

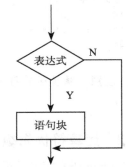

图 2-1   单分支 if 语句执行过程

```
>>>if name == "xiaoming":
>>>    print ("he is xiaoming")
```

2. if 双分支结构

在 Python 中，if 子句后面有时也可以跟 else 语句。只有 if 语句的条件为 False 时，else 子句才会执行。

if 语句同样可以实现双分支结构，其一般格式为：

```
if 表达式 ( 条件 ):
    语句块 1(if 子句 )
else:
    语句块 2(else 子句 )
```

其执行过程如图 2-2 所示。

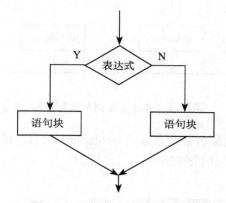

图 2-2　双分支 if 语句执行过程

回到上面的例子，当名字不是"xiaoming"时，else 关键字后面的缩进代码就会执行。

```
>>>if name =="xiaoming":
>>>    print ("he is xiaoming")
>>>else:
>>>    print("he is not xiaoming")
```

3. if 多分支结构

虽然只有 if 或 else 子句会被执行，但当希望有更多可能的子句中有一个被执行时，elif 语句就派上用场了。elif 语句是"否则如果"，总是跟在 if 或另一条 elif 语句后面。它提供了另一个条件，仅在前面的条件为 False 时才检查该条件。

if 语句也可以实现多分支结构，它的一般格式为：

```
if 表达式 1( 条件 1):
    语句块 1
elif 表达式 2( 条件 2):
```

```
    语句块 2
elif 表达式 3( 条件 3):
    语句块 3
......
elif 表达式 m( 条件 m):
    语句块 m
[else:
    语句块 n]
```

其执行过程如图 2-3 所示。

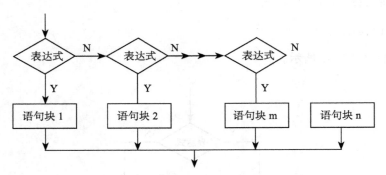

图 2-3　多分支 if 语句执行过程

回到上面的例子。当判断名字是否为" xiaoming"之后，结果为 False，还想继续判断其他条件，此时就可以使用 elif 语句。

```
>>>if name =="xiaoming":
>>>    print ("he is xiaoming")
>>>elif age > 18
>>>    print("he is an adult")
```

当 name == "xiaoming" 为 False 时，会跳过 if 的子句转而判断 elif 的条件，当 age>18 为 True 时，会输出" he is an adult"。当然，如果还有其他条件，可以在后面继续增加 elif 语句，但是，一旦有一个条件满足，程序就会自动跳过余下的代码。下面分析一个完整的实例。

【例 2-1】 学生成绩等级判定。

输入学生的成绩，90 分以上为优秀，80 ～ 90 分之间为良好，60 ～ 80 分为及格，60 分以下为不及格。程序代码如下：

```
score = float(input(" 请输入学生成绩: "))        # input 为 Python 内置函数
# if 多支结构，判断输入学生成绩属于哪一级
if score > 90:
    print(" 优秀 ")
elif score > 80:
    print(" 良好 ")
elif score > 60:
    print(" 及格 ")
```

```
else:
    print(" 不及格 ")
```

程序的一次运行结果如图 2-4 所示。

请输入学生成绩: 90
良好

图 2-4 学生成绩等级判定结果 1

另外一次的运行结果如图 2-5 所示。

请输入学生成绩: 66
及格

图 2-5 学生成绩等级判定结果 2

2.4.2 while 循环

while 循环结构是通过判断循环条件是否成立来决定是否要继续进行循环的一种循环结构，它可以先判断循环的条件是否为 True，若为 True 则继续进行循环，若为 False，则退出循环。

1. while 语句基本格式

在 Python 中，while 语句的一般格式为：

```
while 表达式 ( 循环条件 ):
    语句块
```

在 Python 中 while 循环的执行过程如图 2-6 所示。

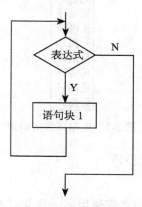

图 2-6 while 循环结构

while 语句会先计算表达式的值，判定是否为 True，如果为 True，则重复执行循环体中的代码，直到结果为 False，退出循环。

 注意 在 Python 中，循环体的代码块必须用缩进对齐的方式组成语句块。

【例 2-2】 利用 while 循环求 1 ~ 99 的数字和。

```
i = 1
sum_all = 0
while i <=100:              # 当i<=100时，条件为True，执行循环体的语句块
    sum_all += i           # 对i进行累加
    i += 1                 # i每次循环都要+1，这也是循环退出的条件
print(sum_all)             # 输出累加的结果
```

运行结果为：4950

 注意 在使用 while 语句时，一般情况下要在循环体内定义循环退出的条件，否则会出现死循环。

【例 2-3】 死循环演示。

```
num1= 10
num2 = 20
while num1 < num2:
    print(" 死循环 ")
```

程序的运行结果如图 2-7 所示。

```
死循环
死循环
死循环
死循环
死循环
死循环
死循环
死循环
死循环
死循环
死循环
```

图 2-7 死循环演示结果

可以看出程序会持续输出"死循环"。

2. while 语句中的 else 语句

在 Python 中可以在 while 语句之后使用 else 语句。在 while 语句的循环体正常循环结束退出循环后会执行 else 语句的子句，但是当循环用 break 语句退出时，else 语句的子句则

不会被执行。

【例 2-4】 while…else 语句实例演示。

```
i =1
while i < 6:
    print(i, "< 6")
    i+=1                # 循环计数作为循环判定条件
else:
    print(i, " 不小于 6")
```

程序的运行结果如图 2-8 所示。

```
1 < 6
2 < 6
3 < 6
4 < 6
5 < 6
6 不小于 6
```

图 2-8 while…else 运行结果 1

当程序改为如下代码时：

```
i =1
while i < 6:
    print(i, "< 6")
    i+=1                # 循环计数作为循环判定条件
    if i == 5:          # 当 i=5 时，循环结束
        break
else:
    print(i, " 不小于 6")
```

程序的运行结果如图 2-9 所示。

```
1 < 6
2 < 6
3 < 6
4 < 6
```

图 2-9 while…else 运行结果 2

可以看出，当 i=5 时程序跳出循环，并不会执行 else 下面的语句块。

2.4.3 for 循环

当想要在程序中实现计数循环时，一般会采用 for 循环。在 Python 中，for 循环是一个通用的序列迭代器，可以遍历任何有序序列对象中的元素。

1. for 循环的格式

for 循环的一般格式为：

```
for 目标变量 in 序列对象：
    语句块
```

for 语句定义了目标变量和需要遍历的序列对象，接着用缩进对齐的语句块作为 for 循环的循环体。其具体执行过程如图 2-10 所示。

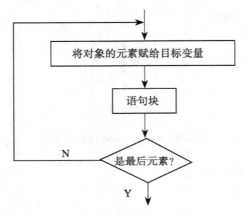

图 2-10　for 循环执行结构

for 循环首先将序列中的元素依次赋给目标变量，每赋值一次都要执行一次循环体的代码。当序列的每一个元素都被遍历之后，循环结束。

2. range 在 for 循环中的应用

for 循环经常和 range 联用。range 是 Python 3.x 内部定义的一个迭代器对象，可以帮助 for 语句定义迭代对象的范围。其基本格式为：

```
range(start,stop[,step])
```

range 的返回值从 start 开始，以 step 为步长，到 stop 结束，step 为可选参数，默认为 1。

【例 2-5】　for 循环与 range 的联用。

```
for i in range(1,10):
    print(i,end=' ')      # end= 表示输出结果不换行
```

输出结果如图 2-11 所示。

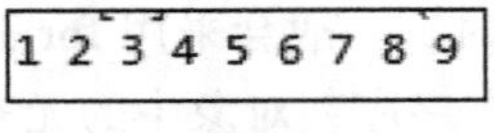

```
1 2 3 4 5 6 7 8 9
```

图 2-11　for 循环运行结果 1

参数改为间隔输出：

```
for i in range(1,10,2):
    print(i,end=' ')
```

输出结果如图 2-12 所示。

```
1 3 5 7 9
```

图 2-12　for 循环运行结果 2

【例 2-6】　利用 for 循环求 1~100 中所有可以被 4 整除的数的和。

```
sum_4 =0
for i in range(1,101):          # for 循环，范围为 1~100
    if i % 4==0:                # 判定能否被 4 整除
        sum_4 +=i
print("1~100 内能被 4 整除的数和为: ", sum_4)
```

程序输出结果如图 2-13 所示。

```
1~100内能被4整除的数和为:  1300
```

图 2-13　整除显示结果

2.4.4　break 和 continue 语句

break 语句和 continue 语句都是循环控制语句，可以改变循环的执行路径。

1. break 语句

break 语句多用于 for、while 循环的循环体，作用是提前结束循环，即跳出循环体。当多个循环嵌套时，break 只是跳出最近的一层循环。

【例 2-7】　使用 break 语句终止循环。

```
i =1
while i < 6:
    print("output number is ",i)
    i = i +1        # 循环计数作为循环判定条件
    if i == 3:      # i=3 时结束循环
        break
print(" 输出结束 ")
```

程序运行结果如图 2-14 所示。

```
output number is  1
output number is  2
输出结束
```

图 2-14　break 终止循环显示结果

【例 2-8】 判断所输入的任意一个正整数是否为素数。

素数是指除 1 和该数本身之外不能被其他任何数整除的正整数。如果要判断一个正整数 n 是否为素数，只要判断其是否可以被 $2 \sim \sqrt{n}$ 之间的任何一个正整数整除即可，如果不能整除则为素数。

```python
import math
n = int(input(" 请输入一个正整数: "))
k = int(math.sqrt(n))        # 求出输入整数的平方根后取整
for i in range(2,k+2):
    if n % i ==0:            # 判断是否被整除
        break
if i == k+1:
    print(n, " 是素数 ")
else:
    print(n, " 不是素数 ")
```

程序的一次运行结果如图 2-15 所示。

```
请输入一个正整数：100
100 不是素数
```

图 2-15　素数判断运行结果 1

程序的另一次运行结果如图 2-16 所示。

```
请输入一个正整数：13
13　是素数
```

图 2-16　素数判断运行结果 2

2. continue 语句

continue 语句类似于 break 语句，必须在 for 和 while 循环中使用。但是，与 break 语句不同的是，continue 语句仅仅跳出本次循环，返回到循环条件判断处，并且根据判断条件来确定是否继续执行循环。

【例 2-9】 使用 continue 语句结束循环。

```python
i =0
while i < 6:
    i = i +1
    if i == 3:            # 当 i=3 时，跳出本次循环
        continue
    print("output number is ",i)
print(" 输出结束 ")
```

程序运行结果如图 2-17 所示。

```
output number is  1
output number is  2
output number is  4
output number is  5
output number is  6
输出结束
```

图 2-17　continue 跳出循环显示结果

从图 2-17 中的输出结果可以看出，continue 跳出了 i=3 时的循环。

【例 2-10】　计算 0 ～ 100 之间不能被 3 整除的数的平方和。

```
sum_all = 0
for i in range(0,101):
    if i%3 ==0:
        continue            # 条件成立时，结束本次循环
    else:
        sum_all = sum_all + i** 2
print("平方和为: ", sum_all)
```

程序运行结果如图 2-18 所示。

```
平方和为:  225589
```

图 2-18　平方和显示结果

2.5　列表与元组

在 Python 中，每个元素按照位置编号来顺序存取的数据类型称为序列类型，这就类似于 C 语言中的数组。不同的是，在 Python 中，列表和元组这两种序列可以存储不同类型的元素。

对于列表和元组来说，它们的大部分操作是相同的，不同的是列表的值是可以改变的，而元组的值是不可变的。在 Python 中，这两种序列在处理数据时各有优缺点。元组适用于不希望数据被修改的情况，而列表则适用于希望数据被修改的情况。

2.5.1　创建

本小节主要介绍列表与元组的创建。

1. 列表的创建

列表的创建采用在方括号中用逗号分隔的定义方式，基本形式如下：

```
[x1,[x2,...,xn]]
```

列表也可以通过 list 对象来创建，基本形式如下：

```
list()                        # 创建一个空列表
list(iterable)                # 创建一个空列表，iterable 为枚举对象的元素
```

列表创建示例如下：

```
>>>[  ]                       # 创建一个空列表
>>>[1, 2, 3]                  # 创建一个元素为 1，2，3 的列表
>>>list()                     # 使用 list 创建一个空列表
>>>list((1, 2, 3))            # 使用 list 创建一个元素为 1，2，3 的列表
>>>list("a, b, c")            # 使用 list 创建一个元素为 a，b，c 的列表
```

2. 元组的创建

元组的创建采用圆括号中逗号分隔的定义方式，其中，圆括号可以省略。基本形式
如下：

```
(x1,[x2,...,xn])
```

或者为：

```
x1,[x2,...,xn]
```

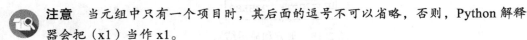

注意　当元组中只有一个项目时，其后面的逗号不可以省略，否则，Python 解释
器会把（x1）当作 x1。

元组也可以通过 tuple 对象来创建，基本形式如下：

```
tuple()                       # 创建一个空元组
tuple (iterable)              # 创建一个空元组，iterable 为枚举对象的元素
```

元组创建示例如下：

```
>>> [  ]                      # 创建一个空元组
>>>[1, 2, 3]                  # 创建一个元素为 1，2，3 的元组
>>>tuple ()                   # 使用 tuple 创建一个空元组
>>>tuple ((1, 2, 3))          # 使用 tuple 创建一个元素为 1，2，3 的元组
>>>tuple ("a,b,c")            # 使用 tuple 创建一个元素为 a，b，c 的元组
```

2.5.2　查询

列表和元组都支持查询（访问）其中的元素。在 Python 中，序列的每一个元素被分配
一个位置编号，称为索引（index）。第一个元素的索引是 0，序列中的元素都可以通过索引
进行访问。其一般格式为：

```
序列名 [ 索引 ]
```

列表与元组的正向索引查询如下所示：

```
>>>list_l = [1,2,3]
>>>list_l[1]
2
>>>tuple_l = ((1,2,3))
>>>tuple[0]
1
```

另外，Python 序列还支持反向索引（负数索引）。这种索引方式可以从最后一个元素开始计数，即倒数第一个元素的索引是 −1。这种方法可以在不知道序列长度的情况下访问序列最后面的元素。

列表与元组的反向索引查询如下所示：

```
>>>list_l = [1,2,3]
>>>list_l[-1]
3
>>>tuple_l = ((1,2,3))
>>>tuple[-2]
2
```

2.5.3 修改

对于修改操作，由于元组的不可变性，元组的数据不可以被改变，除非将其改为列表类型。

对于列表来说，要修改其中某一个值，可以采用索引的方式，这种操作也叫作赋值。例如：

```
>>>list_l = [1,2,3]
>>>list_l[1] = 9
>>>list_l
[1,9,3]
```

注意 在对列表进行赋值操作时，不能为一个没有索引的元素赋值。

下面介绍两个 Python 自带的函数 append 和 extend。append 函数的作用是在列表末尾添加一个元素，例如：

```
>>>list_l = [1,2,3]
>>>list_l.append(4)
>>>list_l
[1,2,3,4]
```

在 Python 中，extend 函数用于将一个列表添加到另一个列表的尾部，例如：

```
>>>list_l = [1,2,3]
>>>list_l.extend('a,b,c')
>>>list_l
[1,2,3,a,b,c]
```

由于元组的不可变性，我们不能改变元组的元素，但是可以将元组转换为列表进行修改，例如：

```
>>>tuple_l = [1,2,3]
>>>list_l = list(tuple)        # 元组转列表
>>>list_l[1] = 8
>>>tuple_l = tuple(list_l)     # 列表转元组
>>>tuple_l
(1,8,3)
```

列表作为一种可变对象，Python 中提供了很多方法对其进行操作，如表 2-2 所示。

表 2-2   列表对象的主要操作方法

方法	解释说明
s.append（x）	把对象 x 追加到列表 s 的尾部
s.clear()	删除所有元素
s.copy()	复制列表
s.extend（t）	把序列 t 附加到列表 s 的尾部
s.insert（i,x）	在下标 i 的位置插入对象 x
s.pop（[i]）	返回并移除下标 i 位置的对象，省略 i 时为最后的对象
s.remove（x）	移除列表中第一个出现的 x
s.reverse()	列表反转
s.sort()	列表排序，默认为升序

2.5.4   删除

元素的删除操作也只适用于列表，而不适用于元组，同样，将元组转换为列表就可以进行删除操作。

从列表中删除元素很容易，可以使用 del、clear、remove 等操作，如下所示。

```
>>>x = [1,2,3, 'a']
>>>del x[3]
>>>x
[1,2,3]
```

del 不仅可以删除某个元素，还可以删除对象，如下所示。

```
>>>x = [1,2,3, 'a']
>>>del x
>>>x              # 错误语句
```

上面的程序中因为 x 对象被删除，所以会提示：

```
NameError: name 'x' is not defined
```

clear 会删除列表中所有的元素。

```
>>>x = [1,2,3, 'a']
>>>x.clear()
>>>x
[]
```

remove(x) 操作会将列表中出现的第一个 x 删除。

```
>>>x = [1,2,3, 'a']
>>>x.remove(2)
>>>x
[1,3, 'a']
```

列表的基本操作还有很多，在此不再一一列举，感兴趣的读者可以上网查阅。

2.6 字典

本节将介绍能够将相关信息关联起来的 Python 字典，主要针对如何访问和修改字典中的信息进行介绍。鉴于字典可存储的信息量几乎不受限制，因此下面会演示如何遍历字典中的数据。

通过字典能够更准确地为各种真实物体建模。例如，可以创建一个表示人的字典，然后想在其中存储多少信息就存储多少信息，如姓名、年龄、地址、职业和要描述的其他方面。

2.6.1 字典的创建

字典就是用大括号括起来的"关键字:值"对的集合体，每一个"关键字:值"对被称为字典的一个元素。

创建字典的一般格式为：

字典名={[关键字 1: 值 1[, 关键字 2: 值 2,……, 关键字 n: 值 n]]}

其中，关键字与值之间用"："分隔，元素与元素之间用逗号分隔。字典中关键字必须是唯一的，值可以不唯一。字典的元素可以是列表、元组和字典。

```
>>>d1 = {'name':{ 'first': 'Li', 'last': 'Hua'},'age':18}
>>>d1
{'name':{ 'first': 'Li', 'last': 'Hua'},'age':18}
>>>d2 = {'name': 'LiHua', 'score':[80,65,98]}
>>>d2
{'name': 'LiHua', 'score':[80,65,98]}
>>>d3={'name': 'LiHua', 'score':(80,65,98)}
>>>d3
{'name': 'LiHua', 'score':(80,65,98)}
```

当"关键字:值"对都省略时会创建一个空的字典，如下所示。

```
>>>d4 = {}
```

```
>>>d5={'name': 'LiHua', 'age': '18'}
>>>d4,d5
{{},{'name': 'LiHua', 'age': '18'}}
```

另外，在 Python 中还有一种创建字典的方法，即 dict 函数法。

```
>>>d6=dict()                              # 使用 dict 创建一个空的字典
>>>d6
{}
>>>d7=dict((['LiHua',100],['LiMing',95]))  # 使用 dict 和元组创建一个字典
>>>d7
{'LiHua':100, 'LiMing': 95}
>>>d8=([['LiHua',100],['LiMing',95]])      # 使用 dict 和列表创建一个字典
>>>d8
{'LiHua':100, 'LiMing': 95}
```

2.6.2　字典的常规操作

在 Python 中定义了很多字典的操作方法，下面介绍几个比较重要方法，更多的字典操作可以上网查询。

1. 访问

在 Python 中可以通过关键字进行访问，一般格式为：

字典 [关键字]

例如：

```
>>>dict_1={'name': 'LiHua', 'score':95}    # 以字典中的关键字为索引
>>>dict_1['score']
95
```

2. 更新

在 Python 中更新字典的格式一般为：

字典名 [关键字]= 值

如果在字典中已经存在该关键字，则修改它；如果不存在，则向字典中添加一个这样的新元素。

```
>>>dict_2={'name': 'LiHua', 'score':95}    # 创建一个字典
>>>dict_2['score'] = 85                     # 字典中已存在 'score' 关键字，修改
>>>dict_2
{'name': 'LiHua', 'score':85}
>>>dict_2['age'] = 18                       # 字典中不存在 'age' 关键字，添加
>>>dict_2
{'name': 'LiHua', 'score':85, 'age':18}
```

3. 删除

在 Python 中删除字典有很多种方法，这里介绍 del 和 clear 方法。del 方法的一般格式如下：

```
del 字典名 [ 关键字 ]                                          # 删除关键字对应的元素
del 字典名                                                    # 删除整个字典
```

字典的删除如下所示。

```
>>>dict_3={'name': 'LiHua', 'score':95, 'age':18}          # 创建一个字典
>>>del dict_3['score']                                     # 删除 score 关键字
>>>dict_3
{'name': 'LiHua', 'age':18}
>>>dict_3.clear()                                           # 清除字典内容
>>>dict_3
{}
```

4. 其他操作方法

在 Python 中，字典实际上也是对象，因此，Python 定义了很多比较常用的字典操作方法，具体如表 2-3 所示。

表 2-3　字典常用方法

方法	说明
d.copy()	字典复制，返回 d 的副本
d.clear()	字典删除，清空字典
d.pop (key)	从字典 d 中删除关键字 key 并返回删除的值
d.popitem()	删除字典的"关键字：值"对，并返回关键字和值构成的元组
d.fromkeys()	创建并返回一个新字典
d.keys()	返回一个包含字典所有关键字的列表
d.values()	返回一个包含字典所有值的列表
d.items()	返回一个包含字典所有"关键字：值"对的列表
len()	计算字典中所有"关键字：值"对的数目

2.6.3　字典的遍历

对字典进行遍历一般会使用 for 循环，但建议在访问之前使用 in 或 not in 判断字典的关键字是否存在。字典的遍历操作如下所示。

```
>>>dict_4={'name': 'LiHua', 'score':95 }                   # 创建一个字典
>>>for key in dict_4.keys():                               # 遍历字典的关键字
>>>print(key,dict_4[key])
name LiHua
score 95
>>>for value in dict_4.values():  # 遍历字典的值
>>>print(value)
```

```
LiHua
95
>>>for item in dict_4.items():    # 遍历字典的"关键字：值"对
>>>print(ite)
('name', 'LiHua')
('score', 95)
```

2.7　函数

本节将介绍如何编写函数。函数是带有名字的代码块，用于完成具体的任务。要执行函数定义的特定任务，可调用该函数。如果需要在程序中多次执行同一项任务，只需调用执行该任务的函数，让 Python 运行其中的代码即可。可以发现，通过使用函数，程序的编写、阅读、测试和修复都将更容易。此外，在本节中还可以学习向函数传递信息的方式。

2.7.1　函数的定义与调用

在 Python 中，函数是一种运算或处理过程，即将一个程序段完成的运算或处理过程放在一个自定义函数中完成。这种操作首先要定义一个函数，然后可以根据实际需要多次调用它，而不用再次编写，大大减少了工作量。

1. 函数的定义

下面来看一个编程语言中最经典的例子。

【例 2-11】　创建打招呼函数。

```
def greet():                # 定义一个 greet 函数
    print("Hello World")    # 打印输出 Hello World
    print("Hello Python")   # 打印输出 Hello Python
greet()                     # 函数调用
```

程序运行结果如图 2-19 所示。

```
Hello World
Hello Python
```

图 2-19　打招呼函数运行结果

在上面的函数中，关键字 def 告诉 Python 要定义一个函数。它向 Python 指定函数名，这里函数名为 greet()，该函数不需要任何信息就能完成其工作，因此括号是空的但必不可少。最后，定义以冒号结束。紧跟在 def greet(): 后面的所有缩进构成了函数体。该函数只做一项工作：打印 "Hello World" 和 "Hello Python"。

经过上面的实例分析可知，Python 函数定义的一般格式为：

```
def 函数名 ([ 形式参数 ]):
```

    函数体

2. 函数的调用

有了函数的定义，在之后的编程中，只要用到该函数都可以直接调用它。调用函数的一般格式为：

函数名（实际参数表）

如果定义的函数有形式参数，那么可以在调用函数时传入实际参数，当然，如果没有，可以不传，只保留一个空括号。但需要注意的是，无论有没有参数的传递，函数名后的括号都不可以省略。

【例 2-12】 定义一个没有形参的函数，然后调用它。

```
def sayHello():                          # 定义一个 sayHello 函数
    print("***************")              # 打印分隔线
    print("Hello World")
    print("Hello Python")
    print("***************")
#   调用 sayHello 函数

sayHello()
```

程序运行结果如图 2-20 所示。

```
***************
Hello World
Hello Python
***************
```

图 2-20 sayhello 函数运行结果

【例 2-13】 已知三角形的三个边长为 a、b、c，求三角形的面积。

可根据海伦公式计算三角形的面积。

```
import math
def angle_area(a,b,c):                    # 定义一个 angle_area 函数
    p = (a+b+c)/2
    s = math.sqrt(p*(p-a)*(p-b)*(p-c))    # 利用海伦公式计算三角形面积
    return s
#   调用 angle_area 函数
area_s = angle_area (3,4,5)
print(" 三角形面积为: ", area_s)
```

程序运行结果如图 2-21 所示。

三角形面积为： 6.0

图 2-21 三角形面积显示结果

2.7.2　参数传递

在调用带有参数的函数时会有函数之间的数据传递。其中，形参是函数被定义时由用户定义的形式上的变量，实参是函数被调用时主调函数为被调函数提供的原始数据。

鉴于函数定义中可能包含多个形参，因此函数调用中也可能包含多个实参。向函数传递实参的方式有很多。可使用位置实参，这要求实参的顺序与形参的顺序相同；也可使用关键字实参，其中每个实参都由变量名和值组成。

1. 位置实参

在调用函数时，Python 必须将函数调用中的每个实参都关联到函数定义中的一个形参。因此，最简单的关联方式是基于实参的顺序，这种关联方式称为位置实参。

【例 2-14】　位置实参演示。

```
def person(name_n, sex_o):                # 定义一个 person 函数
    print("My name is " ,name_n )
    print("I am a " ,sex_o)
# 调用函数
person('LiHua', 'man')
```

程序运行结果如图 2-22 所示。

```
My name is  LiHua
I am a  man
```

图 2-22　位置实参演示结果

该函数的定义表明，它需要一个名字和一个性别参数。调用 person() 时，需要按顺序提供一个名字和一种性别。

可以根据需要调用该函数任意次。如果要再描述一个人，只需再次调用 person() 即可。

【例 2-15】　函数调用演示。

```
def person(name_n, sex_o):                # 定义一个 person 函数
    print("My name is " ,name_n )         # 输出名字
    print("I am a " ,sex_o)               # 输出性别
# 调用函数
person('LiHua', 'man')
person('xiaoming', 'man')
```

程序运行结果如图 2-23 所示。

```
My name is  LiHua
I am a  man
My name is  xiaoming
I am a  man
```

图 2-23　函数调用演示结果

在函数中，可根据需要使用任意数量的位置实参，Python 将按顺序将函数调用中的实参关联到函数定义中相应的形参。

2. 关键字参数

关键字参数是传递给函数的名称。由于直接在实参中将名称和值关联起来，因此向函数传递实参时不会混淆。使用关键字参数时无须考虑函数调用中的实参顺序，而且关键字参数还清楚地指出了函数调用中各个值的用途。

在 Python 中，关键字参数的形式为：

形参名 = 实参值

【例 2-16】 关键字参数演示。

```
def person(name_n, sex_o):                # 定义一个 person 函数
    print("My name is " ,name_n )
    print("I am a ", sex_o)
# 调用函数
person(name_n = 'LiHua',sex_o= 'man')
```

程序运行结果如图 2-24 所示。

```
My name is  LiHua
I am a  man
```

图 2-24　关键字参数演示结果

3. 默认值参数

编写函数时，可以为每个形参指定默认值。在调用函数中为形参提供了实参时，Python 将使用指定的实参值；否则，将使用形参的默认值。因此，为形参指定默认值后，可在函数调用中省略相应的实参。

在 Python 中，默认值参数的形式为：

形参名 = 默认值

【例 2-17】 默认值参数演示。

```
def person(name_n, sex_o= 'man'):         # 定义一个 person 函数
print("My name is " ,name_n )
    print("I am a ", sex_o)
# 调用函数
person(name_o = 'LiHong',sex_o='women')   # 修改第二个参数
person(name_o = 'LiHua')                  # 采用默认参数
```

程序运行结果如图 2-25 所示。

```
My name is LiHong
I am a women
My name is LiHua
I am a man
```

图 2-25　默认值参数演示结果

在调用带默认值参数的函数时，可以不对默认值参数赋值，也可以通过赋值来代替默认值参数的值。

 注意　在使用默认值参数时，默认值参数必须出现在形参表的最右端，否则会出错。

2.8　面向对象编程

面向对象编程是最有效的软件编写方法之一。在面向对象编程中，首先编写表示现实世界中事物和情景的类，并基于这些类来创建对象。在编写类时，往往要定义一大类对象都有的通用行为。基于类创建对象时，每个对象都自动具备这种通用行为，然后可根据需要赋予每个对象独特的个性。

根据类来创建对象称为实例化，实例化是面向对象编程中不可或缺的一部分。本节将会编写一些类并创建其实例。理解面向对象编程有助于我们像程序员那样看世界，还可以帮助我们真正理解自己编写的代码。了解类背后的概念可培养逻辑思维，让我们能够通过编写程序来解决遇到的问题。

2.8.1　类与对象

类是一种广义的数据，这种数据类型的元素既包含数据，也包含操作数据的函数。

1. 类的创建

在 Python 中，可以通过 class 关键字来创建类。类的格式一般如下：

```
class 类名：
    类体
```

类一般由类头和类体两部分组成。类头由关键字 class 开头，后面紧跟着类名，类体包括所有细节，向右缩进对齐。

下面来编写一个表示小狗的简单类 Dog。它表示的不是特定的小狗，而是任何小狗。对于小狗来说，它们都有名字和年龄；另外，大多数小狗还会蹲下和打滚。由于大多数小狗都具备上述两项信息和两种行为，我们的 Dog 类将包含它们。编写这个类后，我们将使用它来创建表示特定小狗的实例。

【例 2-18】 创建 Dog 类。

```python
class Dog():
    def __init__(self, name, age):          # 初始化 Dog 类
        self.name = name
        self.age = age
    def sit(self):                          # 定义类方法
        print(self.name.title() + " is now sitting.")
    def roll_over(self):                    # 定义类方法
        print(self.name.title() + " rolled over!")
```

根据 Dog 类创建的每个实例都将存储名字和年龄，我们赋予每只小狗蹲下（sit()）和打滚（roll_over()）的能力。

类中的函数称为方法，之前或今后学习的方法都适用于它。__init__() 是一个特殊的方法，每当根据 Dog 类创建新实例时，Python 都会自动运行该方法。

2. 类的使用（实例化）

我们可将类视为有关如何创建实例的说明。例如，Dog 类是一系列说明，让 Python 知道如何创建表示特定小狗的实例。下面根据 Dog 类创建一个实例。

紧接例 2-18，进行 Dog 类的实例化。

```python
my_dog = Dog('wangcai', 6)
print("My dog's name is " + my_dog.name.title())
print("My dog is " + str(my_dog.age) + " years old.")
```

程序运行结果如图 2-26 所示。

```
My dog's name is Wangcai
My dog is 6 years old.
```

图 2-26　Dog 类实例化显示结果

3. 属性和方法的访问

要访问实例的属性和方法，可使用句点表示法。例如：

```python
my_dog.name
```

```python
my_dog.age
```

这两句代码可以访问 Dog 类中定义的 name 和 age 属性。

根据 Dog 类创建实例后，可以使用句点表示法来调用 Dog 类中定义的任何方法。例如：

```python
my_dog = Dog('wangcai', 6)
my_dog.sit()
my_dog.roll_over()
```

上面的代码可以访问 Dog 类中定义的 sit() 和 roll_over() 方法。

2.8.2 继承与多态

继承和多态是类的特点，我们在前面简单介绍了类的创建和使用，下面继续介绍类的继承与多态。

1. 继承

如果要编写的类是另一个现成类的特殊版本，则可使用继承的方法。一个类继承另一个类时，它将自动获得另一个类的所有属性和方法。原有的类称为父类，新创建的类称为子类。子类除了继承父类的属性和方法之外，同时也有自己的属性和方法。

在 Python 中定义继承的一般格式为：

```
class 子类名 ( 父类名 )：
    类体
```

【例 2-19】类的继承实例演示。

以学校成员为例，定义一个父类 SchoolMember，然后定义子类 Teacher 和 Student 继承 SchoolMember。

程序代码如下：

```
class SchoolMember(object):          # 定义一个父类
    ''' 学习成员父类 '''
    member = 0                       # 定义一个变量记录成员的数目
    def __init__(self, name, age, sex): # 初始化父类的属性
        self.name = name
        self.age = age
        self.sex = sex
        self.enroll()
    def enroll(self):                # 定义一个父类方法，用于注册成员
        '注册成员信息'
        print('just enrolled a new school member [%s].' % self.name)
        SchoolMember.member += 1
    def tell(self):                  # 定义一个父类方法，用于输出新增成员的基本信息
        print('----%s----' % self.name)
        for k, v in self.__dict__.items():  # 使用字典保存信息
            print(k, v)
        print('----end-----')        # 分割线
    def __del__(self):               # 删除成员
        print(' 开除了 [%s]' % self.name)
        SchoolMember.member -= 1
class Teacher(SchoolMember):         # 定义一个子类，继承 SchoolMember 类
    '教师信息'
    def __init__(self, name, age, sex, salary, course):
        SchoolMember.__init__(self, name, age, sex)# 继承父类的属性
        self.salary = salary
        self.course = course         # 定义子类自身的属性
    def teaching(self):              # 定义子类的方法
        print('Teacher [%s] is teaching [%s]' % (self.name, self.course))
```

```
class Student(SchoolMember):          # 定义一个子类，继承 SchoolMember 类
    '学生信息'
    def __init__(self, name, age, sex, course, tuition):
        SchoolMember.__init__(self, name, age, sex)     # 继承父类的属性
        self.course = course      # 定义子类自身的属性
        self.tuition = tuition
        self.amount = 0
    def pay_tuition(self, amount):                        # 定义子类的方法
        print('student [%s] has just paied [%s]' % (self.name, amount))
        self.amount += amount
# 实例化对象
t1 = Teacher('Mike', 48, 'M', 8000, 'python')
t1.tell()
s1 = Student('Joe', 18, 'M', 'python', 5000)
s1.tell()
s2 = Student('LiHua', 16, 'M', 'python', 5000)
print(SchoolMember.member)            # 输出此时父类中的成员数目
del s2                                 # 删除对象
print(SchoolMember.member)            # 输出此时父类中的成员数目
```

程序运行结果如图 2-27 所示。

```
just enrolled a new school member [Mike].
----Mike----
name Mike
age 48
sex M
salary 8000
course python
----end-----
just enrolled a new school member [Joe].
----Joe----
name Joe
age 18
sex M
course python
tuition 5000
amount 0
----end-----
just enrolled a new school member [LiHua].
3
开除了[LiHua]
2
```

图 2-27 类的继承显示结果

2. 多态

多态是指不同的对象收到同一种消息时产生不同的行为。在 Python 中，消息是指函数的调用，不同的行为是指执行不同的函数。

下面介绍一个多态的实例。

【例 2-20】 多态程序实例。

```
class Animal(object):              # 定义一个父类 Animal
    def __init__(self, name):      # 初始化父类属性
        self.name = name
    def talk(self):                # 定义父类方法，抽象方法，由具体而定
        pass
class Cat(Animal):                 # 定义一个子类，继承父类 Animal
    def talk(self):                # 继承重构类方法
        print('%s: 喵! 喵! 喵!' % self.name)
class Dog(Animal):                 # 定义一个子类，继承父类 Animal
    def talk(self):                # 继承重构类方法
        print('%s: 汪! 汪! 汪! ' % self.name)
def func(obj):                     # 一个接口，多种形态
    obj.talk()
# 实例化对象
c1 = Cat('Tom')
d1 = Dog('wangcai')
func(c1)
func(d1)
```

程序运行结果如图 2-28 所示。

```
Tom: 喵!喵!喵!
wangcai: 汪! 汪! 汪!
```

图 2-28　多态显示结果

　　在上面的程序中，Animal 类和两个子类中都有 talk() 方法，虽然同名，但是在每个类中调用的函数是不一样的。当调用该方法时，所得结果取决于不同的对象。同样的信息在不同的对象下所得的结果不同，这就是多态的体现。

2.9　思考与练习

1. 概念题

（1）请简述一下数据类型的分类，并针对每一类数据提出一个例子。

（2）什么是变量？什么是常量？二者之间的区别是什么？

（3）什么是列表？什么是元组？二者之间的区别是什么？

（4）请简要介绍函数的概念、函数的建立和函数的调用方法。

（5）什么是继承？什么是多态？二者之间的关系是什么？

2. 操作题

（1）请编写程序，设计一个快递员计算器。规则为：

- 首重 3 公斤，未超过 3 公斤：

  其他地区，10 元

  东三省、宁夏、青海、海南，12 元

  新疆、西藏，20 元

  港澳台地区、国外，不接受寄件
- 超过 3 公斤每公斤加价：

  其他地区，5 元 / 公斤

  东三省、宁夏、青海、海南，10 元 / 公斤

  新疆、西藏，15 元 / 公斤

  港澳台地区、国外，联系总公司
- 重量向上取整数计算

（2）请编写程序，使用 for 循环和 while 循环实现如图 2-29 所示的九九乘法表。

```
*******************************************************
1*1= 1
1*2= 2 2*2= 4
1*3= 3 2*3= 6 3*3= 9
1*4= 4 2*4= 8 3*4=12 4*4=16
1*5= 5 2*5=10 3*5=15 4*5=20 5*5=25
1*6= 6 2*6=12 3*6=18 4*6=24 5*6=30 6*6=36
1*7= 7 2*7=14 3*7=21 4*7=28 5*7=35 6*7=42 7*7=49
1*8= 8 2*8=16 3*8=24 4*8=32 5*8=40 6*8=48 7*8=56 8*8=64
1*9= 9 2*9=18 3*9=27 4*9=36 5*9=45 6*9=54 7*9=63 8*9=72 9*9=81
*******************************************************
```

图 2-29　九九乘法表

（3）请编写程序，对数组 [12,45,7,5,65,12,33,45,78,95,100] 进行排序。

（4）请编写程序，自定义类与对象，实现类的多态与继承。

（5）请试用 Python 语言设计一个猜数字的小游戏。规则如下：

事先确定一个数字范围，随后电脑随机生成一个在该范围内的整数，之后对其进行猜测，电脑会告诉你大还是小，直到猜中，输出猜中所用次数。

第 3 章

图像处理基础

本章主要介绍图像的基本表示方法、图像处理的基本操作、图像的基本运算和图像的色彩空间转换等内容。另外，需要特别注意，Numpy 库是在使用面向 Python 的 OpenCV 时所必须掌握的库，尤其是其中的 Numpy.array 库，它是 Python 处理图像的基础。

3.1 图像的基本表示方法

在学习图像处理的操作之前 / 需要了解图像的表示方法。本节主要介绍图像处理中常用的基本图像的表示方法。

3.1.1 二值图像

二值图像是指只含有黑色和白色的图像，如图 3-1 所示。在计算机中，图像的处理是通过矩阵来实现的。计算机在处理该图像时，先将其划分为若干个小方块，每一个小方块就是一个独立的处理单位，可以称之为像素点。然后，计算机会将白色的像素点处理为 "1"，将黑色的像素点处理为 "0"。

由于图像只使用两个数字就可以表示，因此，计算机使用一个比特位表示二值图像。

3.1.2 灰度图像

虽然二值图像的表示比较简单，但是正是

图 3-1　二值图像

由于过于简单，只有黑白两种颜色，导致图像不够细腻，不能表现出更多的细节。如图 3-2 所示，lena 图像是一幅灰度图像，因为图像的信息更加丰富，所以计算机无法只使用一个比特来表示灰度图像。

图 3-2　lena 灰度图像

一般来说，计算机会将灰度处理为 256 个灰度级，用数值区间 [0,255] 来表示。其中，数值"255"表示纯白色，数值"0"表示纯黑色，其余的数值表示从纯白到纯黑之间不同级别的灰度。用于表示 256 个灰度级的数值 0 ~ 255，正好可以用 8 位二进制来表示。

有时也会使用 8 位二进制来表示二值图像。其中，"0"表示黑色，"255"表示白色。

3.1.3　彩色图像

与二值图像和灰度图像相比，彩色图像明显可以表示出更多的图像信息。有研究发现，人类的视网膜能够感受到红色、绿色和蓝色三种不同的颜色，即三基色。在自然界中，各种常见的不同颜色的光都可以通过三基色按照一定的比例混合而成。从人的视觉角度来看，可以将颜色解析为色调、饱和度和亮度等。通常，我们将上述采用不同方式表述颜色的模式称为色彩空间。

虽然不同的色彩空间具有不同的表示方式，但是各种色彩空间之间可以根据需要按照公式进行转换，这种转换在 OpenCV 中特别方便。在本章后面会详细介绍转换的方法，这里只介绍较为常用的 RGB 色彩空间。

在 RGB 色彩空间中，存在 R（red，红色）通道、G（green，绿色）通道和 B（blue，蓝色）通道。每个色彩通道值的范围都在 [0,255] 之间，计算机使用这三个色彩通道的组合表示颜色。对于计算机来说，每个通道的信息就是一个一维数组，所以，通常使用一个三维数组来表示一幅 RGB 色彩空间的彩色图像。

一般情况下，在 RGB 色彩空间中，图像通道的顺序是 R → G → B，但是在 OpenCV 中，通道的顺序是 B → G → R，即：

- 第一个通道保存 B 通道的信息。
- 第二个通道保存 G 通道的信息。
- 第三个通道保存 R 通道的信息。

在图像处理中，可以根据需要对通道的顺序进行转换。OpenCV 提供了很多库函数来进行色彩空间的转换，在 3.5 节会对其进行介绍。

3.2　图像处理的基本操作

3.1 节中提到了图像是由若干个像素组成的，因此，图像处理可以看作计算机对像素的处理。在面向 Python 的 OpenCV 中，可以通过位置索引的方式对图像内的像素进行访问和处理。

3.2.1　图像的读取、显示和保存

OpenCV 提供了 cv2 模块，用于进行图像的处理操作。

1. 读取图像

OpenCV 提供了 cv2.imread() 函数用于进行图像的读取操作。该函数的基本格式为：

```
retval = cv2.imread(filename[, flags])
```

其中：

- retval 是返回值，其值是读取到的图像。
- filename 是要读取图像的完整文件名。
- flags 是读取标记，用来控制读取文件的类型。部分常用的标记值如表 3-1 所示，其中第一列的值与第三列的数值表示的含义一致。

表 3-1　常用 flags 标记值

值	含义	数值
cv2.IMREAD_UNCHANGED	保持原格式不变	−1
cv2.IMREAD_GRAYSCALE	将图像调整为单通道的灰度图像	0
cv2.IMREAD_COLOR	将图像调整为 3 通道的 BGR 图像，此为 flags 的默认值	1
cv2.IMREAD_ANYDEPTH	当载入的图像深度为 16 位或者 32 位时，就返回其对应的深度图像；否则，将其转换为 8 位图像	2
cv2.IMREAD_ANYCOLOR	以任何可能的颜色格式读取图像	4
cv2.IMREAD_LOAD_GDAL	使用 GDAL 驱动程序加载图像	8

【例 3-1】　使用 cv2.imread() 函数读取一幅图像。

代码如下：

```
import cv2 as cv
```

```
image = cv2.imread("F:/picture/lena.png")        # 读取 lena 图像
print(image)
```

运行代码会得到 lena 图像的像素值，如图 3-3 所示。

```
[[[123 154 218]
  [123 154 218]
  [136 154 213]
  ...,
  [119 167 223]
  [ 99 146 211]
  [ 67 109 182]]
```

图 3-3　lena 图像部分像素值

2. 显示图像

OpenCV 提供了多个与图像显示有关的函数，下面简单介绍常用的几个。

namedWindow() 函数用来创建指定的窗口，一般格式如下：

```
None = cv2.namedWindow(window)
```

其中，window 是窗口的名字。例如：

```
cv2.namedWindow("image")
```

这句程序会新建一个名字为 image 的窗口。

imshow() 函数用来显示图像，其一般格式如下：

```
None = cv2.imshow(window, image)
```

其中：

- window 是窗口的名字。
- image 是要显示的图像。

waitKey() 函数用来等待按键，当有键被按下时，该语句会被执行。其一般格式如下：

```
retval= cv2.waitKey([delay])
```

其中：

- retval 是返回值。
- delay 表示等待键盘触发的时间，单位是 ms。当该值为负数或 0 时表示无限等待，默认值为 0。

destroyAllWindows 函数用来释放所有窗口，其一般格式为：

```
None = cv2. destroyAllWindows ()
```

【例 3-2】 显示读取的图像。

代码如下：

```
import cv2 as cv                           # 导入 cv2 模块
image = cv.imread("F:/picture/lena.png")   # 读取 lena 图像
cv.namedWindow("image")                    # 创建一个名为 image 的窗口
cv.imshow("image", image)                  # 显示图像
cv.waitKey()                               # 默认为 0，无限等待
cv.destroyAllWindows()                     # 释放所有窗口
```

程序运行结果如图 3-4 所示。

图 3-4   例 3-2 的运行结果

3. 保存图像

OpenCV 中提供了 cv2.imwrite() 函数来保存图像，其一般格式为：

```
retval= cv2.imwrite(filename, img[, params])
```

其中：

- retval 是返回值。
- filename 是要保存的图像的完整路径名，包括文件的扩展名。
- img 是要保存的图像的名字。
- params 是保存的类型参数，可选。

【例 3-3】 编写程序，将读取到的图像保存。

代码如下：

```
import cv2 as cv                                   # 导入 cv2 模块
image = cv.imread("F:/picture/lena.png")           # 读取 lena 图像
cv.imwrite("F:/picture/lenaresult.png",image)      # 将图像保存到 F:/picture/ 下，名字为
                                                   # lenaresult
```

3.2.2　图像通道的基本操作

在图像处理过程中，有时会根据需要对通道进行拆分与合并。在 OpenCV 中提供了 split() 和 merge() 函数对图像进行拆分与合并。下面对这两个函数进行介绍。

1. split() 拆分函数

函数 split() 可以拆分图像的通道，例如 BGR 图像的三个通道。其一般格式如下：

```
b,g,r = cv2.split(img)
```

其中：

- b、g、r 分别是 B 通道、G 通道、R 通道的图像信息。
- img 是要拆分的图像。

【例 3-4】　编写程序，使用 split() 函数对图像进行拆分。

代码如下：

```
import cv2 as cv
image = cv.imread("F:/picture/lena.png")
b,g,r = cv.split(image)              # 拆分图像通道为 b、g、r 三个通道
cv.imshow("b",b)                     # 显示 b 通道的图像信息
cv.imshow("g",g)                     # 显示 g 通道的图像信息
cv.imshow("r",r)                     # 显示 r 通道的图像信息
cv.imshow("image", image)
cv.waitKey()
cv.destroyAllWindows()
```

程序运行结果如图 3-5 所示。

a）原始图像　　　　　　　　　　　　　　　　b）B 通道图像

图 3-5　例 3-4 的运行结果

c) G 通道图像   d) R 通道图像

图 3-5 （续）

其中，图 3-5a 是原图，图 3-5b 是 B 通道的图像，图 3-5c 是 G 通道的图像，图 3-5d 是 R 通道的图像。

2. merge() 合并函数

通道合并是通道拆分的逆过程，可以将三个通道的灰度图像合并为一张彩色图像。OpenCV 中提供了 merge() 函数来实现图像通道的合并，其基本格式为：

```
imagebgr = cv2.merge([b,g,r])
```

其中：

- imagebgr 是合并后的图像。
- b、g、r 分别是 B 通道、G 通道、R 通道的图像信息。

【例 3-5】 编写程序，演示合并图像的过程。

代码如下：

```
import cv2 as cv
image = cv.imread("F:/picture/lena.png")
b,g,r = cv.split(image)            # 拆分图像通道分为 b、g、r 三个通道
imagebgr = cv.merge([b,g,r])       # 合并 b、g、r 这三个图像通道
cv.imshow("image", image)
cv.imshow("imagegbgr", imagebgr)
cv.waitKey()
cv.destroyAllWindows()
```

程序运行结果如图 3-6 所示。

a）原始图像   b）拆分并合并后的图像

图 3-6   例 3-5 的运行结果

其中，图 3-6a 是原始图像，图 3-6b 是经过拆分后又合并的图像。

3.2.3   图像属性的获取

在进行图像处理时经常需要获取图像的大小、类型等属性信息。下面介绍几个常用属性。

- shape：表示图像的大小。如果是彩色图像，则返回包含行数、列数和通道数的数组；如果是二值图像或灰度图像，则返回包含行数和列数的数组。
- size：表示返回的图像的像素数目。
- dtype：表示返回的图像的数据类型。

【例 3-6】 编写程序，观察图像的属性值。

代码如下：

```
import cv2 as cv
image = cv.imread("F:/picture/lena.png")
print("image.shape",image.shape)          # 输出图像的大小属性
print("image.size",image.size)            # 输出图像的像素数目属性
print("image.dtype",image.dtype)          # 输出图像的类型属性
```

程序运行结果为：

```
image.shape (512, 512, 3)
image.size 786432
image.dtype uint8
```

3.3　初识 Numpy.array

在 OpenCV 中，很多 Python API 是基于 Numpy 的，Numpy 是 Python 的一种开源的数值计算扩展，用来处理多维数组。本节重点介绍 Numpy 中的 array 函数。

下面通过几个实例来看一看 array 的用法。

【例 3-7】 使用 Numpy 生成一个灰度图像，其中的像素均为随机数。

代码如下：

```
import cv2 as cv
import numpy as np           # 导入 Numpy 模块
imagegray = np.random.randint(0,256,size=[256,256],dtype=np.uint8) # 生成一个随机灰
                                                                    # 度图
cv.imshow("imagegray",imagegray)
cv.waitKey()
cv.destroyAllWindows()
```

运行结果如图 3-7 所示。

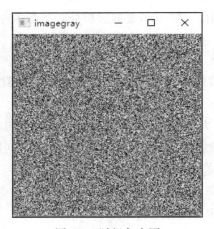

图 3-7　随机灰度图

【例 3-8】 使用 Numpy 生成一个彩色图像，其中的像素均为随机数。

代码如下：

```
import cv2 as cv
import numpy as np           # 导入 Numpy 模块
img = np.random.randint(0,256,size=[256,256,3],dtype=np.uint8) # 生成一个随机彩色图
cv.imshow("img",img)
cv.waitKey()
cv.destroyAllWindows()
```

程序运行结果如图 3-8 所示。

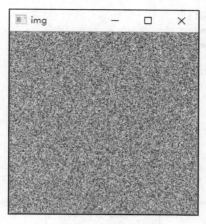

图 3-8 随机彩色图

3.4 图像运算

本节将重点介绍图像的运算，例如加法运算、位运算等基础图像运算。我们所使用的图像处理技术正是依靠这些简单的基础运算来完成的，因此不可掉以轻心，只有打好基础，才能应对更加复杂的图像处理运算。

3.4.1 加法运算

在面向 Python 的 OpenCV 中有两种方法可以实现图像的加法运算。一种是通过运算符"+"对图像进行加法运算，另一种是通过 cv2.add() 函数来实现对图像的加法运算。

因为计算机一般使用 8 个比特来表示灰度图像，所以像素值的范围是 0 ～ 255。当像素值的和超过 255 时，这两种加法方式的处理方法是不一样的。下面进行具体的介绍。

1. 运算符"+"

在使用运算符"+"对两个图像的像素进行加法运算时，其具体规则如下：

$$a+b = \begin{cases} a+b, & a+b \leqslant 255 \\ \mathrm{mod}(a+b,256), & a+b > 255 \end{cases}$$

上式中，a 和 b 表示两幅图像的像素值，$\mathrm{mod}(a+b,256)$ 表示"$a+b$ 的和除以 256 取余"。

【例 3-9】 使用数组生成两个矩阵，观察"+"的加法效果。

代码如下：

```
import numpy as np
# 定义两个随机的 4×4 矩阵，范围在 [0,255] 之间
image1 = np.random.randint(0,256,size=[4,4],dtype=np.uint8)
image2 = np.random.randint(0,256,size=[4,4],dtype=np.uint8)
```

```
print("image1=\n",image1)
print("image2=\n",image2)
print("image3=\n",image1+image2)
```

程序运行结果如图 3-9 所示。

```
image1=
 [[ 45 185 217 221]
 [ 68  62  97 186]
 [183  76 122  66]
 [ 64 172  20 122]]
image2=
 [[188   4 220 114]
 [ 70 162  79  24]
 [ 20 165 180   0]
 [ 39 159  82 175]]
image3=
 [[233 189 181  79]
 [138 224 176 210]
 [203 241  46  66]
 [103  75 102  41]]
```

图 3-9   例 3-9 的运行结果

2. cv2.add() 函数

在使用 cv2.add() 函数实现图像加法运算时，其一般格式为：

```
result = cv2.add(a, b)
```

其中：

- result 表示计算的结果。
- a 和 b 表示需要进行加法计算的两个像素值。

使用 cv2.add() 函数进行图像加法运算时，会得到像素值的最大值。规则如下：

$$a+b = \begin{cases} a+b, & a+b \leqslant 255 \\ 255, & a+b > 255 \end{cases}$$

上式中，当像素 a 和像素 b 的和超过 255 时，会将其截断，取范围内的最大值，这是与运算符 "+" 的不同之处。

【例 3-10】   使用 numpy 中的数组生成两个矩阵，观察 cv2.add() 函数的加法效果。

代码如下：

```
import numpy as np
import cv2 as cv
# 定义两个随机的 4×4 矩阵，范围在 [0,255] 之间
image1 = np.random.randint(0,256,size=[4,4],dtype=np.uint8)
```

```
image2 = np.random.randint(0,256,size=[4,4],dtype=np.uint8)
image3 = cv.add(image1,image2)          # 使用 cv2.add() 函数实现图像的加法运算
print("image1=\n",image1)
print("image2=\n",image2)
print("image3=\n",image3)
```

程序运算结果如图 3-10 所示。

```
image1=
[[110  36  45 216]
 [  4 144   2 150]
 [ 99 202  30 133]
 [154 199  23 237]]
image2=
[[ 61 255 111 165]
 [217 222   4  15]
 [190  44  73 170]
 [ 27  82   7  84]]
image3=
[[171 255 156 255]
 [221 255   6 165]
 [255 246 103 255]
 [181 255  30 255]]
```

图 3-10   例 3-10 的运行结果

3.4.2   减法运算

在面向 Python 的 OpenCV 中有两种方法可以实现图像的减法运算。一种是通过运算符 "−" 对图像进行加法运算，另一种是通过 cv2.subtract() 函数来实现对图像的减法运算。

与加法运算类似，使用运算符 "−" 和 cv2.subtract() 函数进行减法运算时，对于超出范围的处理是不一样的。下面进行具体介绍。

1. 运算符 "−"

在使用运算符 "−" 对两个图像的像素进行减法运算时，其具体规则如下：

$$a-b=\begin{cases} a-b, & a-b \geq 0 \\ \mathrm{mod}(a-b,255)+1, & a-b < 0 \end{cases}$$

上式中，a 和 b 表示两幅图像的像素值，$\mathrm{mod}(a-b,255)+1$ 表示 "$a-b$ 的差除以 255 取余后加 1"。

【例 3-11】 使用 numpy 中的数组生成两个矩阵，观察 "−" 的减法效果。

代码如下：

```
import numpy as np
# 定义两个随机的 4×4 矩阵，范围在 [0,255] 之间
image1 = np.random.randint(0,256,size=[4,4],dtype=np.uint8)
image2 = np.random.randint(0,256,size=[4,4],dtype=np.uint8)
print("image1=\n",image1)
print("image2=\n",image2)
print("image3=\n",image1- image2)
```

程序运行结果如图 3-11 所示。

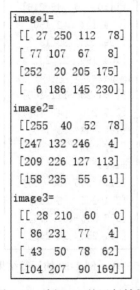

图 3-11　例 3-11 的运行结果

2. cv2.subtract() 函数

在使用 cv2. subtract() 函数实现图像减法运算时，其一般格式为：

```
result = cv2. subtract (a, b)
```

其中：

- result 表示计算的结果。
- a 和 b 表示需要进行减法计算的两个像素值。

使用 cv2. subtract () 函数进行图像减法运算时。规则如下：

$$a-b=\begin{cases} a-b, & a-b \geqslant 0 \\ 0, & a-b < 0 \end{cases}$$

上式中，当像素 a 和像素 b 的差值小于 0 时，会将其截断，这是与运算符 "−" 的不同之处。

【例 3-12】 使用 numpy 中的数组生成两个矩阵，观察 cv2. subtract () 函数的减法效果。

代码如下：

```
import numpy as np
import cv2 as cv
# 定义两个随机的 4×4 矩阵，范围在 [0,255] 之间
image1 = np.random.randint(0,256,size=[4,4],dtype=np.uint8)
image2 = np.random.randint(0,256,size=[4,4],dtype=np.uint8)
image3 = cv. subtract (image1,image2)   # 使用 cv2. subtract() 函数实现图像的减法运算
print("image1=\n",image1)
print("image2=\n",image2)
print("image3=\n",image3)
```

程序运算结果如图 3-12 所示。

```
image1=
[[198 101  27 147]
 [136  55  57 223]
 [ 49 214  94 234]
 [ 52  56 255 107]]
image2=
[[105 122 231  86]
 [124 159  31  48]
 [ 69 252 183 170]
 [137 116   6 185]]
image3=
[[ 93   0   0  61]
 [ 12   0  26 175]
 [  0   0   0  64]
 [  0   0 249   0]]
```

图 3-12　例 3-12 的运行结果

3.4.3　乘法运算

图像乘法运算有矩阵乘法和矩阵的点乘两种。面向 Python 的 OpenCV 提供了 cv2. mutiply() 函数进行矩阵的点乘运算，Python 为矩阵的乘法运算提供了 dot() 函数。矩阵乘法的一般格式为：

```
result = np.dot(a, b)
```

其中：

● result 表示计算的结果。

● a 和 b 表示需要进行矩阵乘法计算的两个像素值矩阵。

在进行矩阵乘法运算时必须满足其行列维数的规则。

矩阵点乘运算的一般格式为：

```
result = cv2.multiply (a, b)
```

其中：

- result 表示计算的结果。
- a 和 b 表示需要进行矩阵点乘的两个像素值矩阵。

【例 3-13】 使用 dot() 函数进行矩阵乘法运算，观察结果。

代码如下：

```
import numpy as np
# 定义一个随机的 3×4 矩阵，范围在 [0,255] 之间
array1 = np.random.randint(0,256,size=[3,4],dtype=np.uint8)
# 定义一个随机的 4×3 矩阵，范围在 [0,255] 之间
array2 = np.random.randint(0,256,size=[4,3],dtype=np.uint8)
array3 = np.dot(array1,array2)
print("array1=\n",array1)
print("array2=\n",array2)
print("array3=\n",array3)
```

程序运行结果如图 3-13 所示。

```
array1=
[[121 238  51  74]
 [137 212 123 189]
 [160  52  46 203]]
array2=
[[ 38 122  75]
 [208  66  60]
 [194   6  74]
 [ 86 208 151]]
array3=
[[216  88 159]
 [ 74 100 220]
 [ 14 172  25]]
```

图 3-13　例 3-13 的运行结果

【例 3-14】 使用 multiply () 函数进行矩阵点乘运算，观察结果。

代码如下：

```
import numpy as np
import cv2 as cv
```

```
# 定义两个随机的 4×4 矩阵，范围在 [0,255] 之间
image1 = np.random.randint(0,256,size=[4,4],dtype=np.uint8)
image2 = np.random.randint(0,256,size=[4,4],dtype=np.uint8)
image3 = cv.multiply(image1,image2)        # 使用 multiply 函数进行点乘
print("image1=\n",image1)
print("image2=\n",image2)
print("image3=\n",image3)
```

程序运行结果如图 3-14 所示。

```
image1=
 [[108 168 138    6]
 [ 35   35 239 118]
 [ 83 164 114 137]
 [ 39 223 148 178]]
image2=
 [[140 107 108 218]
 [150 251 149 135]
 [253  26  12 120]
 [252 226 173  12]]
image3=
 [[255 255 255 255]
 [255 255 255 255]
 [255 255 255 255]
 [255 255 255 255]]
```

图 3-14　例 3-14 的运行结果

在图 3-14 中可以看到，矩阵点乘运算的最终结果全是 255，这是由于，在结果大于 255 时，类似于加法运算，计算机会截断数据，取最大值。

3.4.4　除法运算

除法运算应用在图像中即为矩阵的点除运算，面向 Python 的 OpenCV 提供了 cv2. divide() 函数来进行像素矩阵的点除运算。其一般格式如下：

```
result = cv2.divide(a, b)
```

其中：

- result 表示计算的结果。
- a 和 b 表示需要进行矩阵点除的两个像素值矩阵。

【例 3-15】　使用 divide() 函数进行矩阵点除运算，观察结果。

代码如下：

```python
import numpy as np
import cv2 as cv
# 定义两个随机的 4×4 矩阵，范围在 [0,255] 之间
image1 = np.random.randint(0,256,size=[4,4],dtype=np.uint8)
image2 = np.random.randint(0,256,size=[4,4],dtype=np.uint8)
image3 = cv.divide(image1,image2)        # 使用 divide 函数进行点除
# 输出结果
print("image1=\n",iamge1)
print("image2=\n",iamge2)
print("image3=\n",image3)
```

程序运行结果如图 3-15 所示。

```
image1=
[[166 197  64  16]
 [153 108 214  75]
 [ 59  56  79  71]
 [  0 115 122  79]]
image2=
[[ 88  60  88  16]
 [106 164  17   8]
 [ 13 233  75 255]
 [ 76 210   6  54]]
image3=
[[ 2  3  1  1]
 [ 1  1 13  9]
 [ 5  0  1  0]
 [ 0  1 20  1]]
```

图 3-15   例 3-15 的运行结果

在图 3-15 中可以看到，矩阵点除运算的最终结果全是整数，这是因为像素的范围一般在 0 ～ 255 之间而且是整数，所以，当定义的随机矩阵是 8 位整型数时，在做除法运算时对结果将自动取整。

3.4.5   逻辑运算

逻辑运算是一种非常重要的运算方式，在进行图像处理时经常会遇到按位逻辑运算。本节主要介绍按位与、按位或、按位非、按位异或四种常用的逻辑运算。

1. 按位与

相信接触过数字电路的读者都应该知道与运算的规则，即只有当参与运算的两个值都为真时，结果才为真，否则为假。其真值表如表 3-2 所示。

表 3-2 与运算真值表

输入值 a	输入值 b	输出结果
0	0	0
0	1	0
1	0	0
1	1	1

OpenCV 中的 cv2.bitwise_and() 函数用于进行按位与运算，其一般格式为：

```
dst = cv2.bitwise_and(src1,src2[,mask])
```

其中：

- dst 表示与输入值具有相同大小的输出值。
- src1 表示第一个输入值。
- src2 表示第二个输入值。
- mask 表示可选操作掩码。

【例 3-16】 构造掩模，使用按位与操作保留掩模内的图像。

代码如下：

```
import cv2 as cv
import numpy as np
image1 = cv.imread("F:/picture/lena.png")        # 读取图像
cv.imshow("image", image1)
image2 = np.zeros(image1.shape, dtype=np.uint8)  # 构造掩模图像
image2[100:400, 100:400] = 255
image3 = cv.bitwise_and(image1, image2)          # 进行按位与，取出掩模内的图像
cv.imshow("image3", image3)
cv.waitKey()
cv.destroyAllWindows()
```

程序运行结果如图 3-16 所示。图 3-16a 是原始图像，图 3-16b 是进行按位与操作后的图像，可以看出已经取出了掩模内的图像。

2. 按位或

按位或的规则是参与运算的两个值只要有一个为真，结果就为真，其真值表如表 3-3 所示。

OpenCV 中的 cv2.bitwise_or() 函数用于进行按位或运算，其一般格式为：

```
dst = cv2.bitwise_or(src1,src2[,mask])
```

其中：

- dst 表示与输入值具有相同大小的输出值。
- src1 表示第一个输入值。

- src2 表示第二个输入值。
- mask 表示可选操作掩码。

a）原始图像   b）按位异或后的图像

图 3-16 例 3-16 的运行结果

表 3-3 或运算真值表

输入值 a	输入值 b	输出结果
0	0	0
0	1	1
1	0	1
1	1	1

3. 按位非

按位非是取反操作，其真值表如表 3-4 所示。

表 3-4 非运算真值表

输入	输出
0	1
1	0

OpenCV 中的 cv2.bitwise_not() 函数用于按位非运算，其一般格式为：

```
dst = cv2.bitwise_not(src[,mask])
```

其中：

- dst 表示与输入值具有相同大小的输出值。

- src 表示输入值。
- mask 表示可选操作掩码。

【例 3-17】 编写程序，演示按位非的操作。

代码如下：

```
import cv2 as cv
image1 = cv.imread("F:/picture/luot.jpg")        # 读入一张图像
cv.imshow("image", image1)
image3 = cv.bitwise_not(image1)                  # 执行按位非操作对图像取反
cv.imshow("image3", image3)
cv.waitKey()
cv.destroyAllWindows()
```

程序运行结果如图 3-17 所示。

a）原始图像   b）按位非后的图像

图 3-17 例 3-17 的运行结果

图 3-17a 是原始图像，图 3-17b 是进行按位非操作后的图像，可以看出是像素值全部取反后的结果。

4. 按位异或

按位异或操作类似于半加运算，其真值表如表 3-5 所示。

表 3-5 异或运算真值表

输入值 a	输入值 b	输出结果	输入值 a	输入值 b	输出结果
0	0	0	1	0	1
0	1	1	1	1	0

OpenCV 中的 cv2.bitwise_xor() 函数用于按位异或运算，其一般格式为：

```
dst = cv2.bitwise_and(src1,src2[,mask])
```

其中：

- dst 表示与输入值具有相同大小的输出值。
- src1 表示第一个输入值。
- src2 表示第二个输入值。
- mask 表示可选操作掩码。

3.5 图像的色彩空间转换

RGB 图像是一种比较常见的色彩空间类型，除此之外，还有一些其他的色彩空间，例如 GRAY 色彩空间、YCrCb 色彩空间、HSV 色彩空间、HLS 色彩空间等。每个色彩空间都有自己擅长的处理问题的领域，因此，为了更方便地处理某个具体问题，就要用到色彩空间类型的转换。色彩空间类型转换是指将图像从一个色彩空间转换到另外一个色彩空间。

3.5.1 色彩空间类型转换函数

在 OpenCV 中，cv2. cvtColor () 函数用于实现色彩空间转换，其一般格式为：

```
dst = cv2.cvtColor(src, code [, dstCn])
```

其中：

- dst 表示与输入值具有相同类型和深度的输出图像。
- src 表示原始输入图像。
- code 是色彩空间转换码，常见的枚举值如表 3-6 所示。
- dstCn 表示目标图像的通道数。

表 3-6   常用色彩空间转换码

转换码	解释
cv2.cvtColor_BGR2RGB	BGR 色彩空间转 RGB 色彩空间
cv2.cvtColor_BGR2GRAY	BGR 色彩空间转 GRAY 色彩空间
cv2.cvtColor_BGR2HSV	BGR 色彩空间转 HSV 色彩空间
cv2.cvtColor_BGR2YCrCb	BGR 色彩空间转 YCrCb 色彩空间
cv2.cvtColor_BGR2HLS	BGR 色彩空间转 HLS 色彩空间

3.5.2 RGB 色彩空间

RGB 色彩空间使用三个数值向量表示色光三基色（Red、Green、Blue）的亮度。每个通道的数量值被量化为 8 ~ 256 个数，因此，RGB 图像的红、绿、蓝三个通道的图像都是一幅 8 位图。

在 OpenCV 中，彩色图像的格式是按照 B→G→R 的通道顺序存储的。下面介绍一个由 BGR 色彩空间转换为 RGB 色彩空间的例子。

【例 3-18】 编写程序，演示由 BGR 色彩空间转换为 RGB 色彩空间。

代码如下：

```
import cv2 as cv
image1 = cv.imread("F:/picture/lena.png")          # 读入 lena 图像
cv.imshow("image", image1)
image2 = cv.cvtColor(image1, cv.COLOR_BGR2RGB)     # BGR 色彩空间转 RGB 色彩空间
cv.imshow("image2", image2)
cv.waitKey()
cv.destroyAllWindows()
```

程序运行结果如图 3-18 所示。

a）原始图像   b）转换后的 RGB 色彩空间的图像

图 3-18 例 3-18 的运行结果

图 3-18a 是原始图像，图 3-18b 是转换后的 RGB 色彩空间的图像，其相对于图 3-18a 中的蓝色比较凸显，但是鉴于本书是黑白色印刷，所以请读者上机观察。

3.5.3 GRAY 色彩空间

GRAY 色彩空间一般是指 8 位灰度图，像素值的范围是 0 ～ 255，共 256 个灰度级。由 RGB 色彩空间转换为 GRAY 色彩空间的标准公式为：

$$Gray = 0.299 \cdot R + 0.587 \cdot G + 0.114 \cdot B$$

上式中，Gray 表示灰度图，R、G、B 分别是 RGB 色彩空间的三个通道的图像。

【例 3-19】 编写程序，演示的 RGB 色彩空间转换为 GRAY 色彩空间。
代码如下：

```
import cv2 as cv
image1 = cv.imread("F:/picture/lena.png")          # 读入 lena 图像
cv.imshow("image", image1)
image2 = cv.cvtColor(image1, cv.COLOR_BGR2RGB)  # BGR 色彩空间转 RGB 色彩空间
image2 = cv.cvtColor(image2, cv.COLOR_RGB2GRAY) # RGB 色彩空间转 GRAY 色彩空间
cv.imshow("image2", image2)
cv.waitKey()
cv.destroyAllWindows()
```

程序运行结果如图 3-19 所示。

a）原始图像   b）转换后的 GRAY 色彩空间的图像

图 3-19   例 3-19 的运行结果

图 3-19a 是原始图像，图 3-19b 是转换后的 GRAY 色彩空间的图像，鉴于本书是黑白色印刷，所以无法在纸质书上看到区别，请读者上机观察。

3.5.4 YCrCb 色彩空间

在传统的 RGB 色彩空间中并没有亮度的信息，YCrCb 色彩空间弥补了这个遗憾。在 YCrCb 色彩空间中，Y 代表亮度，Cr 和 Cb 保存色度信息，其中 Cr 表示红色分量信息，Cb 表示蓝色分量信息。

从 RGB 色彩空间转 YCrCb 色彩空间的公式为：

$$Y = 0.299 \cdot R + 0.587 \cdot G + 0.114 \cdot B$$

$$Cr = (R - Y) \cdot 0.713 + delta$$

$$Cb = (B - Y) \cdot 0.564 + \text{delta}$$

上式中，R、G、B 分别表示 RGB 色彩空间的三通道信息，delta 的值为：

$$\text{delta} = \begin{cases} 128, & 8\text{位图像} \\ 32768, & 16\text{位图像} \\ 0.5, & \text{单精度图像} \end{cases}$$

【例 3-20】 编写程序，演示由 RGB 色彩空间转换为 YCrCb 色彩空间。
代码如下：

```
import cv2 as cv
image1 = cv.imread("F:/picture/lena.png")          # 读入 lena 图像
cv.imshow("image", image1)
image2 = cv.cvtColor(image1, cv.COLOR_BGR2RGB)      # BGR 色彩空间转 RGB 色彩空间
image2 = cv.cvtColor(image2, cv.COLOR_RGB2YCrCb)    #RGB 色彩空间转 YCrCb 色彩空间
cv.imshow("image2", image2)
cv.waitKey()
cv.destroyAllWindows()
```

程序运行结果如图 3-20 所示。

a）原始图像

b）转换后的 YCrCb 色彩空间的图像

图 3-20　例 3-20 的运行结果

图 3-20a 是原始图像，图 3-20b 是转换后的 YCrCb 色彩空间的图像，鉴于本书是黑白色印刷，为了更好地观察转换效果，请读者上机查看。

3.5.5　HSV 色彩空间

RGB 色彩模型是从硬件角度提出的颜色模型，与人眼匹配时可能会产生一定的差别。

HSV 是从心理学角度提出的，它包括色调、饱和度和亮度三要素。其中，色调是指光的颜色，与混合光谱的主要光波长有关；饱和度是指颜色深浅程度或相对纯净度；亮度反映的是人眼感受到的光的明暗程度。

在具体实现时，将颜色分布在圆周上，不同的角度代表不同的颜色，所以通过调整色调值就可以使用不同的颜色，其中色调值的范围是 0 ～ 360。

饱和度为比例值，范围是 0 ～ 1，具体为所选颜色的纯度值与该颜色最大纯度值的比值。

亮度也是比例值，范围是 0 ～ 1。

从 RGB 色彩空间转到 HSV 色彩空间时需要将 RGB 色彩空间的值转换到 0 ～ 1 的范围内，之后再进行 HSV 转换。具体过程为：

$$S = \begin{cases} \dfrac{V - \min(R,G,B)}{V}, & V \neq 0 \\ 0, & \text{其他情况} \end{cases}$$

$$H = \begin{cases} \dfrac{60(G-B)}{V - \min(R,G,B)}, & V = R \\ 120 + \dfrac{60(B-R)}{V - \min(R,G,B)}, & V = G \\ 240 + \dfrac{60(R-G)}{V - \min(R,G,B)}, & V = B \end{cases}$$

上式中，V 的值为：

$$V = \max(R,G,B)$$

在计算的过程中可能会出现 $H<0$ 的情况，处理方法如下：

$$H = \begin{cases} H + 360, & H < 0 \\ H, & \text{其他情况} \end{cases}$$

由上面的公式可以计算得到 $S \in [0,1]$，$V \in [0,1]$，$H \in [0,360]$。

【例 3-21】 编写程序，演示由 RGB 色彩空间转换为 HSV 色彩空间。

代码如下：

```
import cv2 as cv
image1 = cv.imread("F:/picture/lena.png")            # 读入 lena 图像
cv.imshow("image", image1)
image2 = cv.cvtColor(image1, cv.COLOR_BGR2RGB)       # BGR 色彩空间转 RGB 色彩空间
image2 = cv.cvtColor(image2, cv.COLOR_RGB2HSV)       #RGB 色彩空间转 HSV 色彩空间
cv.imshow("image2", image2)
cv.waitKey()
cv.destroyAllWindows()
```

程序运行结果如图 3-21 所示。

a）原始图像　　　　　　　　　　　　b）转换后的 HSV 色彩空间的图像

图 3-21　例 3-21 的运行结果

图 3-21a 是原始图像，图 3-21b 是转换后的 HSV 色彩空间的图像，鉴于本书是黑白色印刷，为了更好地观察转换效果，请读者上机查看。

3.6　思考与练习

1. 概念题

（1）请简述一下图像的基本组成结构以及在计算机中的表示方法。

（2）什么是灰度图？灰度图中像素值大小的范围是什么？

（3）图像的色彩空间一般有哪些？各自的优缺点是什么？

2. 操作题

（1）编写程序，对图 3-4 进行读取、显示和保存图像。

（2）编写程序，实现图 3-4 和图 3-5a 相加，观察图像的像素值溢出的处理方式。

（3）构建掩模，提取图 3-4 中特定区域的图像。

（4）编写程序，实现图 3-4 的 RGB 色彩空间、GRAY 色彩空间、HSV 色彩空间、YCrCb 色彩空间之间的相互转换。

第 4 章

图像几何变换

图像的几何变换一般是指通过对图像进行放大、缩小、旋转等将一幅图像映射到另一幅图像内的操作。OpenCV 中提供了多个与映射相关的函数，可以灵活且高效地完成图像的几何变换。本章主要介绍仿射变换、重映射、投影变换和极坐标变换操作的基本原理与实现。

4.1　仿射变换

仿射变换是指图像可以通过一系列几何变换来实现平移、缩放、旋转等操作。OpenCV 中为仿射变换提供的仿射函数为 cv2.warpAffine()，可以通过一个映射矩阵 M 来实现这种变换。其中，M 具体可为：

$$\text{dst}(x, y) = \text{src}\left(M_{11}x + M_{12}y + M_{13}, M_{21}x + M_{22}y + M_{23}\right)$$

对于仿射变换后的图像 R，可以由变换矩阵 M 与原始图像矩阵相乘得到。仿射变换函数 cv2.warpAffine() 的一般格式为：

dst = cv2.warpAffine(src, M,dsize[, flags[, borderMode[, borderValue]]])

其中：

- dst 表示仿射后的输出图像，类型与原始图像相同。
- src 表示要仿射的原始图像。
- M 表示变换矩阵。
- dsize 表示输出图像尺寸的大小。
- flags 表示插值方法，默认 INTER_LIEAR。
- borderMode 表示边类型，默认 BORDER_CONSTANT。
- borderValue 表示边界值，默认为 0。

当传入不同的转换矩阵 M 时，可以实现不同的仿射变换。

4.1.1　平移

当想将原始图像向右上移动 120 个像素时，转换矩阵 M 可以为：

$$M = \begin{bmatrix} 1 & 0 & 120 \\ 0 & 1 & -120 \end{bmatrix}$$

在已知变换矩阵 M 的条件下，可以直接使用仿射变换函数 cv2.warpAffine() 完成图像的平移操作。下面通过一个实例观察平移效果。

【例 4-1】 使用仿射变换函数 cv2.warpAffine() 实现图像的平移。

程序如下：

```
import cv2 as cv
import numpy as np
image = cv.imread("F:/picture/panda.png")          # 读入 panda 图像
h,w = image.shape[:2]                               # 获取图像大小信息
M = np.float32([[1,0,120],[0,1,-120]])             # 构建转换矩阵
imageMove = cv.warpAffine(image,M,(w,h))           # 进行仿射变换——平移
cv.imshow("image",image)                           # 显示原始图像
cv.imshow("imageMove",imageMove)                   # 显示变换后的图像
cv.waitKey()
cv.destroyAllWindows()
```

程序运行结果如图 4-1 所示。

a）原始图像

b）平移后的图像

图 4-1　例 4-1 的运行结果

图 4-1a 是原始图像，图 4-1b 是将图 4-1a 向右上角平移 120 个像素得到的图像。

4.1.2 缩放

缩放变换与 4.1.1 节的平移变换很相似，只是改变了转换矩阵 M 的值。当想将原始图像缩小为一半时，转换矩阵 M 可以为：

$$M = \begin{bmatrix} 0.5 & 0 & 0 \\ 0 & 0.5 & 0 \end{bmatrix}$$

在已知变换矩阵 M 的条件下，可以直接使用仿射变换函数 cv2.warpAffine() 完成图像的平移操作。下面通过一个实例观察缩放效果。

【例 4-2】 使用仿射变换函数 cv2.warpAffine() 实现图像的缩放。

程序如下：

```
import cv2 as cv
import numpy as np
image = cv.imread("F:/picture/panda.png")    # 读入 panda 图像
h,w = image.shape[:2]                         # 获取图像大小信息
M = np.float32([[0.5,0,0],[0,0.5,0]])         # 构建转换矩阵
imageMove = cv.warpAffine(image,M,(w,h))      # 进行仿射变换——缩放
cv.imshow("image",image)                      # 显示原始图像
cv.imshow("imageMove",imageMove)              # 显示变换后的图像
cv.waitKey()
cv.destroyAllWindows()
```

程序运行结果如图 4-2 所示。

a) 原始图像   b) 缩小后的图像

图 4-2 例 4-2 的运行结果

图 4-2a 是原始图像，图 4-2b 是将图 4-2a 缩小 1/2 得到的图像。

4.1.3　旋转

在 OpenCV 中，当进行旋转操作时，可以通过函数 cv2.getRotationMatrix2D() 得到仿射变换函数 cv2.warpAffine() 的转换矩阵。其一般格式为：

```
ret = cv2. getRotationMatrix2D(center, angle,scale)
```

其中：

- center 是旋转的中心点。
- angle 表示旋转角度，正数为顺时针旋转，负数为逆时针旋转。
- scale 表示变换尺度。

下面来看一个实例。

【例 4-3】　使用仿射变换函数 cv2.warpAffine() 实现图像的旋转。

程序如下：

```
import cv2 as cv
image = cv.imread("F:/picture/panda.png")        # 读入 panda 图像
h,w = image.shape[:2]                             # 获取图像大小信息
# 得到转换矩阵 M，效果是以图像的宽高的 1/3 为中心点顺时针旋转 40°，缩小为原来的 0.4
M = cv.getRotationMatrix2D((w/3, h/3), 40, 0.4)
imageMove = cv.warpAffine(image,M,(w,h))          # 进行仿射变换——旋转
cv.imshow("image",image)                          # 显示原始图像
cv.imshow("imageMove",imageMove)                  # 显示变换后的图像
cv.waitKey()
cv.destroyAllWindows()
```

程序运行结果如图 4-3 所示。

a）原始图像　　　　　　　　　　b）旋转后的图像

图 4-3　例 4-3 的运行结果

图 4-3a 是原始图像，图 4-3b 是将图 4-3a 缩小至原来的 0.4 后，逆时针旋转 40° 得到的图像。

4.2   重映射

将一幅图像内的像素点放置到另一幅图像的指定位置，这个操作过程叫作重映射。重映射通过修改像素点的位置得到一幅新图像。因此，在构建一幅新图像时，需要确定新图像中每个像素点与原始图像所对应的位置。所以，映射函数的作用就是查找新图像像素在原始图像内的位置。OpenCV 中的 cv2.remap() 函数提供了十分方便的自定义重映射方式。其一般格式如下：

```
dst = cv2. remap(src, map1, map2, interpolation[, borderMode[, borderValue]])
```

其中：
- dst 表示目标图像。
- src 表示原始的图像。
- map1 表示点 (x,y) 的一个映射或者点 (x,y) 的 x 值。
- map2 表示的值与 map1 有关。当 map1 表示点 (x,y) 的一个映射时，map2 为空；当 map1 表示点 (x,y) 的 x 值时，map2 表示点 (x,y) 的 y 值。
- interpolation 表示插值方式。
- borderMode 表示边界模式。
- borderValue 表示边界值，默认为 0。

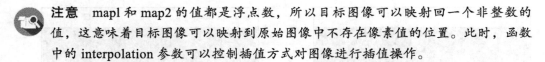

注意   mapl 和 map2 的值都是浮点数，所以目标图像可以映射回一个非整数的值，这意味着目标图像可以映射到原始图像中不存在像素值的位置。此时，函数中的 interpolation 参数可以控制插值方式对图像进行插值操作。

4.2.1   复制

本节介绍如何通过 remap() 函数实现图像的复制。下面通过两个实例来观察实现复制时如何设置函数 cv2.remap() 内 mapl 和 map2 参数的值。

【例 4-4】 编写程序，实现像素的复制。

代码如下：

```
import cv2 as cv
import numpy as np
# 构建一个 6×6 的随机数组
image = np.random.randint(0,256,size=[6,6],dtype=np.uint8)
w, h = image.shape  # 得到数组的宽与高
```

```
# 建立新数组的大小
x = np.zeros((w,h), np.float32)
y = np.zeros((w,h), np.float32)
# 实现新数组的访问操作
for i in range(w):
    for j in range(h):
        x.itemset((i,j),j)
        y.itemset((i,j),i)
rst = cv.remap(image, x, y, cv.INTER_LINEAR)     # 实现数组的复制
# 打印输出结果
print("image=\n",image)
print("rst=\n",rst)
```

程序输出结果如图 4-4 所示。

```
image=
[[114 186 234 121 123 189]
 [ 15 192 244  65 191 154]
 [135 230 201  52 175 190]
 [202 230  63 162 236  46]
 [ 59 253 140  79 191  80]
 [105 249 196 201 159 106]]
rst=
[[114 186 234 121 123 189]
 [ 15 192 244  65 191 154]
 [135 230 201  52 175 190]
 [202 230  63 162 236  46]
 [ 59 253 140  79 191  80]
 [105 249 196 201 159 106]]
```

图 4-4　例 4-4 的运行结果

从图 4-4 中可以看出，映射结果的数组与原数组一致，达到了复制的效果。

【例 4-5】　编写程序，使用 remap 函数实现图像的复制操作。

代码如下：

```
import cv2 as cv
import numpy as np
image = cv.imread("F:/picture/panda.jpg")     # 读取一幅图像
w, h = image.shape[:2]                         # 得到图像的宽与高
# 建立新图像的大小
map1 = np.zeros((w,h), np.float32)
map2 = np.zeros((w,h), np.float32)
# 实现新图像的访问操作
```

```
for i in range(w):
    for j in range(h):
        # 访问图像
        map1.itemset((i,j),j)
        map2.itemset((i,j),i)
rst = cv.remap(image, map1, map2, cv.INTER_LINEAR)       # 实现图像的复制
# 显示图像
cv.imshow("image", image)
cv.imshow("rst", rst)
cv.waitKey()
cv.destroyAllWindows()
```

程序运行结果如图 4-5 所示。

a）原始图像   b）复制图像

图 4-5   例 4-5 的运行结果

图 4-5a 是原始图像，图 4-5b 是将图 4-5a 复制后得到的图像。

4.2.2   绕 *x* 轴翻转

图像绕着 *x* 轴翻转，在数学上是指映射过程中 *x* 坐标轴的值保持不变，*y* 坐标轴的值以 *x* 轴为对称轴进行交换。使用 remap() 函数实现时，map1 的值保持不变，map2 的值设置为 "总行数 −1− 当前行号"，这是由于 OpenCV 中行号的下标是从 0 开始决定的。下面通过两个实例来观察绕 *x* 轴翻转的效果。

【例 4-6】 编写程序，实现像素数组绕 *x* 轴翻转。

代码如下：

```
import cv2 as cv
import numpy as np
# 构建一个 6×6 的随机数组
image = np.random.randint(0,256,size=[6,6],dtype=np.uint8)
w, h = image.shape  # 得到数组的宽与高
# 建立新数组的大小
x = np.zeros((w,h), np.float32)
y = np.zeros((w,h), np.float32)
# 实现新数组的访问操作
for i in range(w):
    for j in range(h):
        x.itemset((i,j),j)
        y.itemset((i,j),w-1-i)
rst = cv.remap(image, x, y, cv.INTER_LINEAR)    # 实现数组绕 x 轴翻转
# 打印输出结果
print("image=\n",image)
print("rst=\n",rst)
```

程序输出结果如图 4-6 所示。

```
image=
[[ 96  19 179  94 224 132]
 [  1 172 166 240 133 179]
 [153  42  87  61 105 142]
 [ 68 173   5 246  93 141]
 [217  76  62 154  97 225]
 [217 143  87 148 144  86]]
rst=
[[217 143  87 148 144  86]
 [217  76  62 154  97 225]
 [ 68 173   5 246  93 141]
 [153  42  87  61 105 142]
 [  1 172 166 240 133 179]
 [ 96  19 179  94 224 132]]
```

图 4-6　例 4-6 的运行结果

从图 4-6 中可以看出，映射结果的数组与原数组沿垂直方向相反，达到了绕 x 轴翻转的效果。

【例 4-7】　编写程序，使用 remap 函数实现图像绕 x 轴翻转。

代码如下：

```
import cv2 as cv
```

```
import numpy as np
image = cv.imread("F:/picture/panda.png")          # 读取一幅图像
w, h = image.shape[:2]   # 得到图像的宽与高
# 建立新图像的大小
map1 = np.zeros((w,h), np.float32)
map2 = np.zeros((w,h), np.float32)
# 实现新图像的访问操作
for i in range(w):
    for j in range(h):
        # 访问图像
        map1.itemset((i,j),j)
        map2.itemset((i,j),w-1-i)
rst = cv.remap(image, map1, map2, cv.INTER_LINEAR)   # 实现图像绕 x 轴翻转
# 显示图像
cv.imshow("image", image)
cv.imshow("rst", rst)
cv.waitKey()
cv.destroyAllWindows()
```

程序运行结果如图 4-7 所示。

a）原始图像　　　　　　　　　　　　b）绕 x 轴翻转后的图像

图 4-7　例 4-7 的运行结果

图 4-7a 是原始图像，图 4-7b 是将图 4-7a 绕 x 轴翻转后得到的图像。

4.2.3　绕 y 轴翻转

图像绕着 y 轴翻转，在数学上是指映射过程中 y 坐标轴的值保持不变，x 坐标轴的值以 y 轴为对称轴进行交换。使用 remap() 函数实现时，map2 的值保持不变，map1 的值设置为

"总列数 −1− 当前列号"，这是由于 OpenCV 中列号的下标是从 0 开始决定的。下面通过两个实例来观察绕 y 轴翻转的效果。

【例 4-8】　编写程序，实现像素数组绕 y 轴翻转。

代码如下：

```
import cv2 as cv
import numpy as np
# 构建一个 6×6 的随机数组
image = np.random.randint(0,256,size=[6,6],dtype=np.uint8)
w, h = image.shape   # 得到数组的宽与高
# 建立新数组的大小
x = np.zeros((w,h), np.float32)
y = np.zeros((w,h), np.float32)
# 实现新数组的访问操作
for i in range(w):
    for j in range(h):
        x.itemset((i,j),h-1-j)
        y.itemset((i,j),i)
rst = cv.remap(image, x, y, cv.INTER_LINEAR)     # 实现数组绕 y 轴翻转
# 打印输出结果
print("image=\n",image)
print("rst=\n",rst)
```

程序输出结果如图 4-8 所示。

```
image=
[[178   0 208 223 252 155]
 [246  36 122 147   6  60]
 [234 229   9  93 188  52]
 [ 44 235 173 171 172 159]
 [217  81  39  97 158 115]
 [203  81  16 236  17  74]]
rst=
[[155 252 223 208   0 178]
 [ 60   6 147 122  36 246]
 [ 52 188  93   9 229 234]
 [159 172 171 173 235  44]
 [115 158  97  39  81 217]
 [ 74  17 236  16  81 203]]
```

图 4-8　例 4-8 的运行结果

从图 4-8 中可以看出，映射结果的数组与原数组沿水平方向相反，达到了绕 y 轴翻转的效果。

【**例 4-9**】 编写程序，使用 remap() 函数实现图像绕 y 轴翻转。

代码如下：

```
import cv2 as cv
import numpy as np
image = cv.imread("F:/picture/panda.png")        # 读取一幅图像
w, h = image.shape[:2]                            # 得到图像的宽与高
# 建立新图像的大小
map1 = np.zeros((w,h), np.float32)
map2 = np.zeros((w,h), np.float32)
# 实现新图像的访问操作
for i in range(w):
    for j in range(h):
        # 访问图像
        map1.itemset((i,j),h-1-j)
        map2.itemset((i,j),i)
rst = cv.remap(image, map1, map2, cv.INTER_LINEAR)    # 实现图像绕 y 轴翻转
# 显示图像
cv.imshow("image", image)
cv.imshow("rst", rst)
cv.waitKey()
cv.destroyAllWindows()
```

程序运行结果如图 4-9 所示。

a）原始图像   b）绕 y 轴翻转后的图像

图 4-9 例 4-9 的运行结果

图 4-9a 是原始图像，图 4-9b 是将图 4-9a 绕 y 轴翻转后得到的图像。

4.2.4 绕 *x* 轴与 *y* 轴翻转

图像绕着 x 轴、y 轴翻转，在数学上是指映射过程中，x 坐标轴的值以 y 轴为对称轴进行交换，y 坐标轴的值以 x 轴为对称轴进行交换。使用 remap() 函数实现时，map1 的值设置为"总行数 $-1-$ 当前行号"，map2 的值设置为"总列数 $-1-$ 当前列号"，这是由于 OpenCV 中行列号的下标是从 0 开始决定的。下面通过两个实例来观察绕 x 轴与 y 轴翻转的效果。

【例 4-10】 编写程序，实现像素数组绕 x 轴与 y 轴翻转。

代码如下：

```
import cv2 as cv
import numpy as np
# 构建一个 6×6 的随机数组
image = np.random.randint(0,256,size=[6,6],dtype=np.uint8)
w, h = image.shape                          # 得到数组的宽与高
# 建立新数组的大小
x = np.zeros((w,h), np.float32)
y = np.zeros((w,h), np.float32)
# 实现新数组的访问操作
for i in range(w):
    for j in range(h):
        x.itemset((i,j),h-1-j)
        y.itemset((i,j),w-1-i)
rst = cv.remap(image, x, y, cv.INTER_LINEAR)    # 实现数组绕 x 轴与 y 轴翻转
# 打印输出结果
print("image=\n",image)
print("rst=\n",rst)
```

程序输出结果如图 4-10 所示。

```
image=
[[199 239 208  19 163 225]
 [  0 132 181 179 205 131]
 [234 172 239 160 179 173]
 [118 179  12  51   2  27]
 [ 59  31 130 135  13  83]
 [ 33  90  91  56 205 155]]
rst=
[[155 205  56  91  90  33]
 [ 83  13 135 130  31  59]
 [ 27   2  51  12 179 118]
 [173 179 160 239 172 234]
 [131 205 179 181 132   0]
 [225 163  19 208 239 199]]
```

图 4-10 例 4-10 的运行结果

从图4-10中可以看出，映射结果的数组与原数组是中心对称的，达到了绕x轴与y轴翻转的效果。

【例4-11】 编写程序，使用remap()函数实现图像的绕x、y轴翻转。

代码如下：

```python
import cv2 as cv
import numpy as np
image = cv.imread("F:/picture/panda.png")            # 读取一幅图像
w, h = image.shape[:2]   # 得到图像的宽与高
# 建立新图像的大小
map1 = np.zeros((w,h), np.float32)
map2 = np.zeros((w,h), np.float32)
# 实现新图像的访问操作
for i in range(w):
    for j in range(h):
        # 访问图像
        map1.itemset((i,j),h-1-j)
        map2.itemset((i,j),w-1-i)
rst = cv.remap(image, map1, map2, cv.INTER_LINEAR)    # 实现图像绕 x 与 y 轴翻转
# 显示图像
cv.imshow("image", image)
cv.imshow("rst", rst)
cv.waitKey()
cv.destroyAllWindows()
```

程序运行结果如图4-11所示。

a）原始图像   b）绕x、y轴翻转后的图像

图4-11   例4-11的运行结果

图4-11a是原始图像，图4-11b是将图4-11a绕x与y轴翻转后得到的图像。

4.3 投影变换

在仿射变换的过程中，物体的转换都是在二维空间中完成的，但是如果物体在三维空间中发生了转换，这种转换一般叫作投影变换。

4.3.1 原理简介

因为投影变换是在三维空间内进行的，所以对其进行修正十分困难。但是如果物体是平面的，那么就能通过二维投影变换对此物体三维变换进行模型化，这就是专用的二维投影变换，可由如下公式描述：

$$\begin{pmatrix} \tilde{x} \\ \tilde{y} \\ \tilde{z} \end{pmatrix} = \begin{pmatrix} a_{11} & a_{12} & a_{13} \\ a_{21} & a_{22} & a_{23} \\ a_{31} & a_{32} & a_{33} \end{pmatrix} \begin{pmatrix} x \\ y \\ z \end{pmatrix}$$

在 OpenCV 中提供了 cv2.getPerspectiveTransform() 函数来计算投影变换矩阵，其一般格式为：

```
cv2.getPerspectiveTransform(src,dst)
```

其中：

- dst 表示目标图像。
- src 表示原始图像。

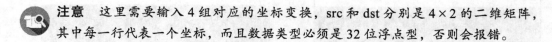 **注意** 这里需要输入 4 组对应的坐标变换，src 和 dst 分别是 4×2 的二维矩阵，其中每一行代表一个坐标，而且数据类型必须是 32 位浮点型，否则会报错。

4.3.2 Python 实现

类似于仿射变换，OpenCV 提供了 cv2.warpPerspective() 函数来实现投影变换功能，其一般格式为：

```
cv2.warpPerspective(src,M,dsize[,dst[,flags[,borderMode[,borderValue]]]])
```

其中：

- src 表示原始的图像。
- M 表示投影变换矩阵。
- dsize 表示投影后图像的大小。
- flags 表示插值方式。
- borderMode 表示边界模式。
- borderValue 表示边界值。

其使用方法与仿射变换相似，只是输入的变换矩阵变为3行3列的投影变换矩阵。下面通过一个实例实现图像的投影变换。

【例4-12】 编写程序，实现投影变换的图像操作。

代码如下：

```
import cv2 as cv
import numpy as np
image = cv.imread("F:/picture/panda.jpg")
h, w = image.shape[:2]          # 读取图像的高和宽
# 原图像的 4 个需要变换的像素点
src = np.array([[0,0],[w-1,0],[0,h-1],[w-1,h-1]], np.float32)
# 投影变换的 4 个像素点
dst = np.array([[80,80],[w/2,50],[80,h-80],[w-40,h-40]], np.float32)
M = cv.getPerspectiveTransform(src, dst)   # 计算出投影变换矩阵
# 进行投影变换
image1 = cv.warpPerspective(image, M, (w, h), borderValue=125)
# 显示图像
cv.imshow("image", image)
cv.imshow("image1", image1)
cv.waitKey()
cv.destroyAllWindows()
```

程序运行结果如图4-12所示。

a）原始图像　　　　　　　　　　　　　　　b）投影变换后的图像

图4-12　例4-12的运行结果

图4-12b显示的是对图4-12a所示图像进行投影变换后的效果，可以看出，变换的效果与一个平面物体在三维空间中进行旋转、平移等变换后的结果相似。因为投影变换矩阵是

由 4 组对应的坐标决定的，所以通过投影变换可以将一幅图"放在"任何不规则的四边形中，而仿射变换却保持了线的平行性。

4.4　极坐标变换

通常利用极坐标变换来校正图像中的圆形物体或被包含在圆环中的物体。

4.4.1　原理简介

1. 笛卡儿坐标转极坐标

笛卡儿坐标系 xoy 平面上的任意一点 (x, y)，以 $(\bar{x}, \bar{y})$ 为中心，通过以下计算公式对应到极坐标系 θor 上的极坐标 (θ, r)：

$$r = \sqrt{(x - \bar{x})^2 + (y - \bar{y})^2}, \theta = \begin{cases} 2\pi + \arctan 2(y - \bar{y}, x - \bar{x}), & y - \bar{y} \leqslant 0 \\ \arctan 2(y - \bar{y}, x - \bar{x}), & y - \bar{y} > 0 \end{cases}$$

上式中，θ 的取值范围用角度表示为 $0 \sim 360°$，反正切函数 $\arctan 2$ 返回的角度和笛卡儿坐标点所在的象限有关，如果 $(y - \bar{y}, x - \bar{x})$ 在第一象限，反正切的角度范围为 $0 \sim 90°$；如果在第二象限，反正切的角度范围为 $90° \sim 180°$；如果在第三象限，反正切的角度范围为 $-180° \sim -90°$；如果在第四象限，反正切的角度范围为 $-90° \sim 0°$。通常将 $y - \bar{y} \leqslant 0$ 时返回的正切角度加上一个周期 $360°$，所以经过极坐标变换后的角度范围为 $0 \sim 360°$。

2. 极坐标转笛卡儿坐标

在已知极坐标 (θ, r) 和笛卡儿坐标 $(\bar{x}, \bar{y})$ 的条件下，计算笛卡儿坐标 $(\bar{x}, \bar{y})$ 以 (x, y) 为中心的极坐标变换是 (θ, r)，可通过以下公式计算：

$$x = \bar{x} + r\cos\theta$$
$$y = \bar{y} + r\sin\theta$$

3. 图像中的应用

假设输入图像矩阵为 I，$(\bar{x}, \bar{y})$ 代表极坐标空间变换的中心，输出图像矩阵为 O，比较直观的策略是利用极坐标和笛卡儿坐标的一一对应关系得到 O 的每一个像素值，即

$$O(r, \theta) = f_I(\bar{x} + r\cos\theta, \bar{y} + r\sin\theta)$$

这里的 θ 和 r 都是以 1 为步长进行离散化的，由于变换步长较大，输出图像矩阵 O 可能会损失原图的很多信息。可以通过以下方式进行改进，假设要将 $(\bar{x}, \bar{y})$ 与的距离范围为 $[r_{\min}, r_{\max}]$、角度范围在 $[\theta_{\min}, \theta_{\max}]$ 内的点进行极坐标向笛卡儿坐标的变换，当然这个范

围内的点也是无穷多的，仍需要离散化；假设 r 的变换步长为 r_{step}，$0 < r_{step} \leqslant 1$，θ 的变换步长为 θ_{step}，θ_{step} 一般取 $\dfrac{360}{180 \times N}$，$N \geqslant 2$，则输出图像矩阵的宽 $w \approx \dfrac{r_{max} - r_{min}}{r_{step}} + 1$，高 $h \approx \dfrac{\theta_{max} - \theta_{min}}{\theta_{step}} + 1$，图像矩阵 $\boldsymbol{O}$ 的第 i 行第 j 列的值可通过以下公式进行计算：

$$\boldsymbol{O}(i,j) = f_I \left[\overline{x} + \left(r_{min} + r_{step}i \right) * \cos \left(\theta_{min} + \theta_{step}j \right), \overline{y} + \left(r_{min} + r_{step}i \right) * \sin \left(\theta_{min} + \theta_{step}j \right) \right]$$

4.4.2　Python 实现

在 OpenCV 中提供了两种进行极坐标变换的函数，分别是 linearPolar() 函数和 logPolar() 函数，其中 linearPolar() 函数的一般格式为：

```
cv2.linearPolar(src,dst,center,maxRadius,flags)
```

其中：

- src 表示原始的图像。
- dst 表示输出图像。
- center 表示极坐标变换中心。
- maxRadius 表示极坐标变换的最大距离。
- flags 表示插值算法。

logPolar() 函数的一般格式为：

```
cv2.logPolar(src,dst,center,M,flags)
```

其中：

- src 表示原始的图像。
- dst 表示输出图像。
- center 表示极坐标变换中心。
- M 表示极坐标变换的系数。
- flags 表示转换的方向。

下面通过两个实例来分别观察 linearPolar() 函数和 logPolar() 函数的转换效果。

【例 4-13】 编写程序，实现 linearPolar() 函数的演示效果。

代码如下：

```
import cv2 as cv
image = cv.imread("F:/picture/yuan.jpg",cv.IMREAD_ANYCOLOR)     # 读取图像
# 设置参数，实现线性极坐标变换
dst = cv.linearPolar(image,(251,249),225,cv.INTER_LINEAR)
# 显示图像
cv.imshow("image",image)
cv.imshow("dst",dst)
```

```
cv.waitKey()
cv.destroyAllWindows()
```

程序运行结果如图 4-13 所示。

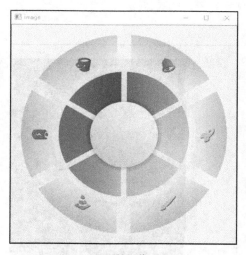

a）原始图像

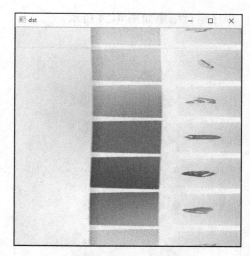

b）线性极坐标变换后的图像

图 4-13 例 4-13 的运行结果

函数 linearPolar() 生成的极坐标，θ 在垂直方向上，r 在水平方向上。由图 4-13b，可以看到里面的图形在垂直方向上被压缩了，这是极坐标变换时 θ 的步长较大造成的。请注意，linearPolar() 函数有两个缺点，第一是变换时的步长不可控，第二是只能对整个圆进行变换。

【例 4-14】 编写程序，实现 logPolar() 函数的演示效果。

代码如下：

```
import cv2 as cv
image = cv.imread("F:/picture/yuan.jpg",cv.IMREAD_ANYCOLOR)    # 读取图像
# 设置参数，实现极坐标变换
M1 = 20
M2 = 50
M3 = 90
# 笛卡儿坐标向极坐标转换
dst1 = cv.logPolar(image,(251,249),M1,cv.WARP_FILL_OUTLIERS)
dst2 = cv.logPolar(image,(251,249),M2,cv.WARP_FILL_OUTLIERS)
dst3 = cv.logPolar(image,(251,249),M3,cv.WARP_FILL_OUTLIERS)
# 显示图像
cv.imshow("image",image)
cv.imshow("dst1",dst1)
```

```
cv.imshow("dst2",dst2)
cv.imshow("dst3",dst3)
cv.waitKey()
cv.destroyAllWindows()
```

程序运行结果如图 4-14 所示。

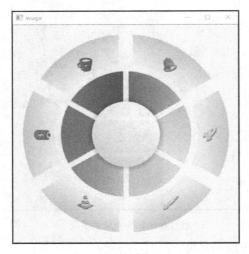

a）原始图像

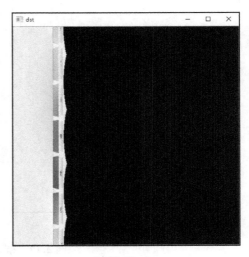

b）*M*=20

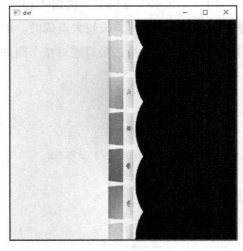

c）*M*=50

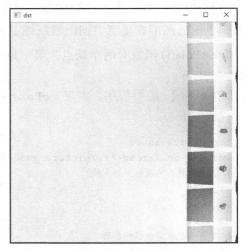

d）*M*=90

图 4-14   例 4-14 的运行结果

图 4-14 显示了 logPolar() 函数对原始图像的对数极坐标变换，可以看出，*M* 的值越大，变换后得到的图像信息越多。

4.5 思考与练习

1. 概念题

（1）熟悉图像仿射变换的基本原理。

（2）简述图像重映射的含义。

（3）熟悉投影变化的过程及矩阵的表示方式。

（4）熟悉极坐标变换中笛卡儿坐标系与极坐标系在图像处理中的应用。

2. 操作题

（1）编写程序，实现图 4-1a 的平移、缩放、旋转等操作。

（2）编写程序，尝试校正图 4-13a 中的各个扇形区域，使其处理效果如图 4-14c 所示，各扇形区域呈竖直分布。

第 5 章

图像直方图处理

直方图处理是在图像处理中较为常见的一种操作，同时也是图像处理过程中一种非常重要的分析工具。一般来说，直方图是从图像内部灰度级的角度对图像进行表示，这种表示方式可以让我们得到丰富而重要的信息。此外，从直方图的角度对图像进行处理，可以达到增强图像显示效果的目的。

5.1 直方图概述

从统计学的角度来讲，直方图是图像内灰度值的统计特性与图像灰度值之间的函数，灰度直方图是灰度级的函数，统计的是图像中具有该灰度级的像素的个数。其表示方法为：第一，确定图像像元的灰度值范围；第二，以适当的灰度间隔为单位将其划分为若干等级；第三，以横轴表示灰度级，以纵轴表示每一灰度级具有的像元数或该像元数占总像元数的比例值，做出的条形统计图即灰度直方图。

在实际的处理过程中，图像的横轴区间一般是 0 ~ 255，对应着 8 位位图的 256 个灰度级，纵轴是具有相应灰度级的像素点的个数。但有时为了方便，也会采用归一化的表示方式。在归一化的直方图中，纵轴由表示相应灰度级的像素点的个数变成了相应灰度级的频率。下面介绍直方图的一些性质与应用。

1. 直方图的性质

- 直方图反映了图像中的灰度分布规律。它描述每个灰度级具有的像元个数，但不包含这些像元在图像中的位置信息。
- 任何一幅特定的图像都有唯一的直方图与之对应，但不同的图像可以有相同的直方图。
- 如果一幅图像由两个不相连的区域组成，并且每个区域的直方图已知，则整幅图像的直方图是这两个区域的直方图之和。

2. 直方图的应用

- 对于每幅图像都可做出其灰度直方图。

- 根据直方图的形态可以大致推断图像质量的好坏。由于图像包含大量的像素，其像素灰度值的分布应符合概率统计分布规律。假定像素的灰度值是随机分布的，那么其直方图应该呈正态分布。
- 图像的灰度值是离散变量，因此直方图表示的是离散的概率分布。若以各灰度级的像素数占总像元数的比例值为纵坐标轴做出图像的直方图，将直方图中各条形的最高点连成一条外轮廓线，纵坐标的比例值即某灰度级出现的概率密度，可将轮廓线近似看成图像相应的连续函数的概率分布曲线。

5.2　直方图的绘制

OpenCV 中提供了 cv2.calcHist() 函数来计算统计直方图，还可以在此基础上绘制图像的直方图。另外，Python 模块 matplotlib.pyplot 中的 hist() 函数能够方便地绘制直方图，通常使用该函数直接绘制直方图。下面重点介绍这两种方式。

5.2.1　用 OpenCV 绘制直方图

在 OpenCV 中，通常使用其提供的 cv2.calcHist() 函数来计算图像的统计直方图，该函数可以统计各个灰度级的像素点个数。为了更加直观地观察出图像的直方图，可以利用 matplotlib.pyplot 模块中的 plot() 函数将函数 cv2.calcHist() 的统计结果绘制成直方图。

1. 用 cv2.calcHist() 函数统计图像直方图信息

cv2.calcHist() 函数用于统计图像直方图信息，其一般格式为：

```
hist=cv2.calcHist(image,channel,mask,histSize,range, accumulate)
```

其中：

- hist 表示返回的统计直方图，数组内的元素是各个灰度级的像素个数。
- image 表示原始图像，该图像需要用 "[ ]" 括起来。
- channel 表示指定通道编号。通道编号需要用 "[ ]" 括起来。
- mask 表示掩模图像。当统计整幅图像的直方图时，将这个值设为 None。当统计图像某一部分的直方图时，需要用到掩模图像。
- histSize 表示 BINS 的值，该值需要用 "[ ]" 括起来。
- range 表示像素值范围。
- accumulate 表示累计标识，默认值为 False。如果被设置为 True，则直方图在开始计算时不会被清零，计算的是多个直方图的累积结果，用于对一组图像计算直方图。该参数是可选的，一般情况下不需要设置。

【例 5-1】　使用 cv2.calcHist() 函数计算图像的统计直方图。
程序代码如下：

```
import cv2 as cv
image = cv.imread("F:/picture/panda.jpg")              # 导入一幅图像
hist = cv.calcHist([image],[0],None, [256], [0,255])   # 计算其统计直方图信息
print(hist)        # 输出统计直方图信息，为一维数组
```

程序运行结果如图 5-1 所示。

```
[[1843.]
 [ 420.]
 [ 473.]
 [ 555.]
 [ 599.]
 [ 782.]
 [ 866.]
 [ 844.]
 [ 992.]
 [1018.]
 [1054.]
 [1467.]
 [1213.]
 [1551.]
```

图 5-1　例 5-1 的运行结果

由于数据过长，图 5-1 中仅展示了部分数据，但是仍然可以知道输出的 hist 为一维数组。

2. 使用 plot() 函数绘制直方图

经过上述介绍可知，我们可以调用 calcHist() 函数来得到图像统计直方图信息，但是并不能直观地看出图像的直方图信息，因此这里使用 matplotlib.pyplot 模块内的 plot() 函数，将函数 cv2.calcHist() 的返回值绘制为图像直方图。

【例 5-2】　熟悉 plot() 函数的使用方法。

使用 plot 函数绘制曲线，代码如下：

```
import matplotlib.pyplot as plt  # 导入绘图模块
# 构建两个列表
arr1 = [1,1.2,1.5,1.6,2,2.5,2.8,3.5,4.3]
arr2 = [5,4.5,4.3,4.2,3.6,3.4,3.1,2.5,2.1,1.5]
plt.plot(arr1)                        # 绘制 arr1 的图像
plt.plot(arr2,'r')                    # 绘制 arr2 的图像，'r' 表示用红色绘制
plt.show()
```

程序运行结果如图 5-2 所示。

在图 5-2 中，一条是红线，一条是蓝线，请大家上机验证。

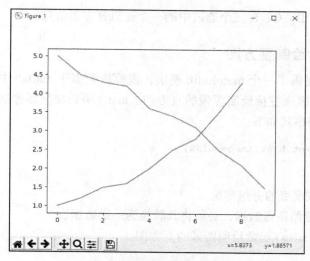

图 5-2　例 5-2 的运行结果

【例 5-3】 使用 plot() 函数将 calcHist() 的返回值绘制出来。

代码如下：

```
import cv2 as cv
import matplotlib.pyplot as plt
image = cv.imread("F:/picture/panda.png")                # 导入一幅图像
hist = cv.calcHist([image],[0],None, [256], [0,256])     # 得到统计直方图的信息
plt.plot(hist)  # 显示直方图
plt.show()
```

程序运行结果如图 5-3 所示。

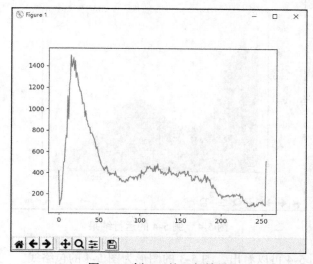

图 5-3　例 5-3 的运行结果

图 5-3 中只显示 B、G、R 三个通道中的一个通道直方图信息。

5.2.2　用 pyplot 绘制直方图

在 OpenCV 中提供了一个 matplotlib 模块，该模块类似于 matlab 中的绘图模块，可以使用其中的 hist() 函数来直接绘制图像的直方图。hist() 函数根据图像数据和灰度级分组来绘制直方图，其一般格式如下：

```
matplotlib.pyplot.hist(image,BINS)
```

其中：
- BINS 表示灰度级的分组情况。
- image 表示原始图像数据，必须将其转换为一维数据。

【例 5-4】　使用 hist() 函数绘制图像的直方图。

代码如下：

```
import cv2 as cv
import matplotlib.pyplot as plt              # 导入绘图模块
image = cv.imread("F:/picture/panda.png")    # 读取一幅图像
image = image.ravel()                        # 将图像转换为一维数组
plt.hist(image,256)                          # 绘制直方图
cv.waitKey()
cv.destroyAllWindows()
plt.show()
```

程序运行结果如图 5-4 所示。

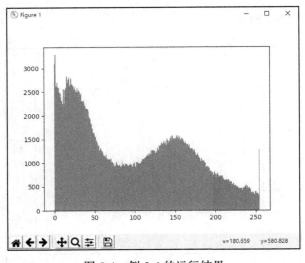

图 5-4　例 5-4 的运行结果

结合图 5-3 和图 5-4 可以看出，图 5-3 的图形为图 5-4 的包络线。

5.3   直方图正规化

直方图正规化可以调节图像的对比度，使图像的像素点分布在 $0 \sim 255$ 范围内。

5.3.1   正规化原理

假设输入图像为 I，高为 H、宽为 W，$I(r,c)$ 代表 I 的第 r 行第 c 列的灰度值，将 I 中出现的最小灰度级记为 $I_{\min}$，最大灰度级记为 $I_{\max}$，即 $I(r,c) \in [I_{\min}, I_{\max}]$，为了使输出图像 O 的灰度级范围为 $[O_{\min}, O_{\max}]$，做以下映射关系：

$$O(r,c) = \frac{O_{\max} - O_{\min}}{I_{\max} - I_{\min}}(I(r,c) - I_{\min}) + O_{\min}$$

其中 $0 \le r < H$，$0 \le c < W$，这个过程就是直方图正规化。因为 $0 \le \dfrac{I(r,c) - I_{\min}}{I_{\max} - I_{\min}} \le 1$，所以 $O(r,c) \in [O_{\min}, O_{\max}]$，一般令 $O_{\min} = 0$，$O_{\max} = 255$。显然，直方图正规化是一种自动选取 a 和 b 的值的线性变换方法，其中

$$a = \frac{O_{\max} - O_{\min}}{I_{\max} - I_{\min}}, \quad b = O_{\min} - \frac{O_{\max} - O_{\min}}{I_{\max} - I_{\min}} \times I_{\min}$$

5.3.2   Python 实现

了解直方图正规化的基本原理后，接下来介绍该算法的 Python 实现。在直方图正规化中，需要计算出原图中出现的最大灰度级和最小灰度级，可以使用 Numpy 提供的函数 max 和 min。

【例 5-5】直方图正规化算法实现。

代码如下：

```
import cv2 as cv
import numpy as np
import matplotlib.pyplot as plt
image = cv.imread("F:/picture/img4.jpg",0)      # 读取一幅灰度图像
imageMax = np.max(image)                        # 计算 image 的最大值
imageMin = np.min(image)                        # 计算 image 的最小值
# 确定输出最大灰度级与最小灰度级
min_l = 0
max_l = 255
# 计算 m、n 的值
m = float(max_l-min_l)/(imageMax-imageMin)
n = min_l -min_l*m
image1 = m*image + n                            # 矩阵的线性变换
image1 = image1.astype(np.uint8)                # 数据类型转换
# 显示原始图像
cv.imshow("image",image)
plt.figure(" 原始直方图 ")
```

```
plt.hist(image.ravel(),256)
# 显示正规化后的图像
plt.figure(" 正规化后直方图 ")
plt.hist(image1.ravel(),256)
plt.show()
cv.waitKey()
cv.destroyAllWindows()
```

程序运行结果如图 5-5 所示。

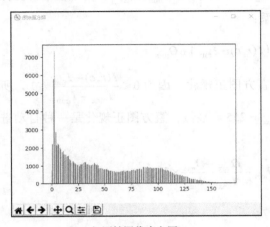
a）原始图像直方图

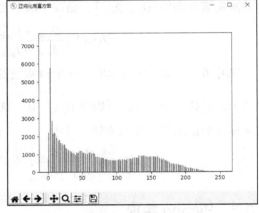
b）正规化后的图像直方图

图 5-5　例 5-5 的运行结果

从图 5-5a 和图 5-5b 可以看出，直方图正规化将原图在 0～150 之间的灰度级拉伸到 0～255 之间，使图像更加清晰。

5.3.3　使用 normalize 实现

OpenCV 提供了 cv2.normalize() 函数来实现图像直方图正规化，其一般格式为：

```
cv2.normalize(src,dst,alpha,beta,norm_type,dtype)
```

其中：

- src 表示输入矩阵。
- dst 表示结构元。
- alpha 表示结构元的锚点。
- beta 表示腐蚀操作的次数。
- norm_type 表示边界扩充类型。
- dtype 表示边界扩充值。

使用 normalize() 函数对图像进行直方图归一化时，一般令 norm_type=NORM_

MINMAX，其计算原理与前面提到的计算方法基本相同。下面来看一个实例。

【例 5-6】 使用 normalize() 函数实现图像直方图的正规化。

代码如下：

```python
import cv2 as cv
import matplotlib.pyplot as plt
# 读取一幅灰度图像
image = cv.imread("F:/picture/img4.jpg",cv.IMREAD_ANYCOLOR)
# 显示原始图像
cv.imshow("image",image)
# 显示原始图像的直方图
plt.figure("原始直方图")
# 画出图像直方图
plt.hist(image.ravel(),256)
# 直方图正规化
image1 = cv.normalize(image,image,255, 0, cv.NORM_MINMAX, cv.CV_8U)
# 显示正规化后的图像
plt.figure("正规化后直方图")
# 画出图像直方图
plt.hist(image.ravel(),256)
plt.show()
cv.waitKey()
cv.destroyAllWindows()
```

程序运行结果如图 5-6 所示。

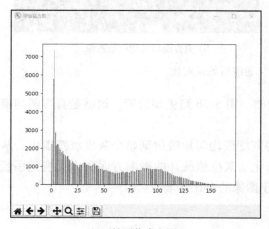
a）原始图像直方图

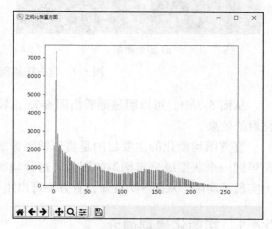
b）正规化后图像直方图

图 5-6 例 5-6 的运行结果

从图 5-6 可以看出，使用 normalize() 函数进行直方图正规化与例 5-5 的计算方法一样。

5.4　直方图均衡化

为了更清晰地观察图像，要求图像一般不能过亮或过暗，需要具有高对比度和多变的灰度色调，而且灰度级丰富、覆盖范围较大。如果一幅图像拥有全部可能的灰度级，并且像素值的灰度均匀分布，那么这幅图像就具有较大范围的灰度级。从外观上来看，这样的图像具有更丰富的色彩，不会过暗或过亮，也会更加清晰。

图 5-7 展示了一张直方图均衡化前后的对比效果。

　　a）原始图像　　　　　　　　　　　　　　b）直方图均衡化后的图像

图 5-7　直方图均衡化的前后效果对比

从图 5-7 中，可以明显地看出图 5-7a 比较暗，图 5-7b 则更加清晰，这就是直方图均衡化后的效果。

直方图均衡化的主要目的是将原始图像的灰度级均匀地映射到整个灰度级范围内，从而得到一个灰度级分布均匀的图像。这种均衡化从灰度值统计的概率方面和人类视觉系统上实现了均衡。从图 5-7 可知，直方图可以用于图像的对比度增强。

5.4.1　均衡化原理简介

直方图均衡化的算法主要包括三个步骤：

- 第一步：计算图像的统计直方图。
- 第二步：计算统计直方图的累加直方图。
- 第三步：对累加直方图进行区间转换。

在这些基础上，我们可以利用人眼视觉达到直方图均衡化的目的。

下面介绍一个例子来进一步理解直方图均衡化的操作。

首先可以假设一幅图像的灰度直方图，如表 5-1 所示。

表 5-1　一幅图像的灰度直方图

灰度级	0	1	2	3	4	5	6	7
像素值个数	11	10	5	9	2	8	9	6

其次，在图像灰度直方图的基础上，可以计算出每个灰度级出现的概率，得到归一化的灰度直方图，如表 5-2 所示。

表 5-2　一幅图像的归一化灰度直方图

灰度级	0	1	2	3	4	5	6	7
概率	0.18	0.17	0.08	0.15	0.03	0.13	0.15	0.10

下面进行第二步，计算图像的累加直方图，如表 5-3 所示。

表 5-3　一幅图像的累加直方图

灰度级	0	1	2	3	4	5	6	7
累加概率	0.18	0.35	0.43	0.58	0.62	0.75	0.90	1.00

在如表 5-3 所示的累加直方图的基础上，对原有灰度级空间进行转换，可以在原有范围内对灰度级实现直方图均衡化，也可以在更广阔的范围内实现直方图均衡化。下面分别对这两种方式进行介绍。

1. 在原有范围内进行直方图均衡化

在原有范围内进行直方图均衡化，就是使用当前的累加统计直方图的累加概率与灰度级的最大值相乘，得到新的灰度级作为均衡化的结果。紧接表 5-3 所示的累加统计直方图，计算出新的灰度级直方图。当计算结果不是整数时，选择距离最近的灰度级作为当前灰度级，如表 5-4 所示。

表 5-4　计算得到的新灰度级直方图

灰度级	0	1	2	3	4	5	6	7
累加概率	0.18	0.35	0.43	0.58	0.62	0.75	0.90	1.00
新灰度级	1	2	3	4	4	5	6	7

最后根据表 5-1 所示的灰度级与像素点个数之间的关系，完成均衡化值的映射，具体如表 5-5 所示。

表 5-5　均衡化后灰度级对应像素点个数

灰度级	0	1	2	3	4	5	6	7
像素点个数	0	11	10	5	11	8	9	6

经过均衡化处理后，灰度级在整个灰度级空间内分布得更加平均。

2. 在更加广阔的范围内进行直方图均衡化

在更广阔的范围内进行直方图均衡化，就是使用当前的累加统计直方图的累加概率与新定义范围灰度级的最大值相乘，得到新的灰度级作为均衡化的结果。紧接表 5-3 所示的累加统计直方图，计算出新的灰度级直方图。当计算结果不是整数时，选择距离最近的灰度级作为当前灰度级，如表 5-6 所示。

表 5-6　在 0~255 范围内的新灰度级

灰度级	0	1	2	3	4	5	6	7
累加概率	0.18	0.35	0.43	0.58	0.62	0.75	0.90	1.00
新灰度级	46	89	110	148	158	184	230	255

经过均衡化处理后，像素点分布在新的灰度级范围内。

5.4.2　Python 实现

在 OpenCV 中提供了 cv2.equalHist() 函数，用于实现图像的直方图均衡化，其一般格式为：

```
dst = cv2. equalHist (src)
```

● src 表示输入的待处理图像。
● dst 表示直方图均衡化后的图像。

为了加深读者对图像直方图均衡化的理解，下面介绍一个用 Python 语言编写的实例。

【例 5-7】 使用 Python 语言自定义直方图均衡化函数，对图像进行直方图均衡化。

代码如下：

```
import numpy as np
import cv2 as cv
import math
import matplotlib.pyplot as plt
# 计算图像灰度直方图
def calcGrayHist(image):
    # 灰度图像矩阵的宽高
    rows, cols = image.shape
    # 存储灰度直方图
    grayHist = np.zeros([256], np.uint32)
    for r in range(rows):
        for c in range(cols):
            grayHist[image[r][c]] += 1
    return grayHist
# 直方图均衡化
def equalHist(image):
    # 灰度图像矩阵的宽高
```

```
    rows, cols = image.shape
    # 计算灰度直方图
    grayHist = calcGrayHist(image)
    # 计算累加灰度直方图
    zeroCumuMoment = np.zeros([256], np.uint32)
    for p in range(256):
        if p == 0:
            zeroCumuMoment[p] = grayHist[0]
        else:
            zeroCumuMoment[p] = zeroCumuMoment[p - 1] + grayHist[p]
    # 根据直方图均衡化得到的输入灰度级和输出灰度级的映射
    outPut_q = np.zeros([256], np.uint8)
    coffient = 256.0 / (rows * cols)
    for p in range(256):
        q = coffient * float(zeroCumuMoment[p]) - 1
        if q >= 0:
            outPut_q[p] = math.floor(q)
        else:
            outPut_q[p] = 0
    # 得到直方图均衡化后的图像
    equalHistImage = np.zeros(image.shape, np.uint8)
    for r in range(rows):
        for c in range(cols):
            equalHistImage[r][c] = outPut_q[image[r][c]]
    return equalHistImage
# 主函数
image = cv.imread("F:/picture/cartree.jpg",cv.IMREAD_ANYCOLOR)
dst = equalHist(image)                    # 直方图均衡化
# 显示图像
cv.imshow("image", image)                 # 显示原图像
cv.imshow("dst",dst)                      # 显示均衡化图像
# 显示原始图像直方图
plt.figure(" 原始直方图 ")
plt.hist(image.ravel(),256)
# 显示均衡化后的图像直方图
plt.figure(" 均衡化直方图 ")
plt.hist(dst.ravel(),256)
plt.show()
cv.waitKey()
cv.destroyAllWindows()
```

程序运行结果如图 5-8 所示。

在图 5-8 中，图 5-8a 是待处理的原始图像，图 5-8b 是均衡化后的图像，图 5-8c 是原始图像的直方图，可以看出其像素值的灰度级主要分布在 0 ～ 200 之间，图 5-8d 是均衡化后的图像直方图，可以看出经过直方图处理后，像素点的灰度级均衡地分布在 0 ～ 255 之间，达到了图像像素均匀分布的效果。

a）原始图像　　　　　　　　　　　　　b）均衡化后的图像

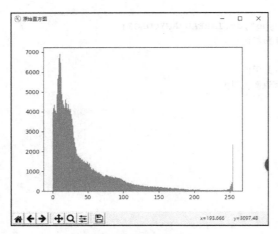
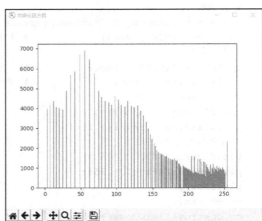

c）原始图像直方图　　　　　　　　　d）均衡化后的图像直方图

图 5-8　例 5-7 运行结果

【例 5-8】 使用 cv2.equalHist() 函数来实现图像直方图均衡化。

代码如下：

```
import cv2 as cv
```

```
import matplotlib.pyplot as plt
# 读取一幅图像
image = cv.imread("F:/picture/cartree.jpg", cv.IMREAD_GRAYSCALE)
cv.imshow("cartree", image)          # 显示原始图像
equ = cv.equalizeHist(image)         # 直方图均衡化处理
cv.imshow("equcartree", equ)         # 显示均衡化后的图像
plt.figure(" 原始直方图 ")            # 显示原始图像直方图
plt.hist(image.ravel(),256)
plt.figure(" 均衡化直方图 ")          # 显示均衡化后的图像直方图
plt.hist(equ.ravel(),256)
plt.show()
cv.waitKey()
cv.destroyAllWindows()
```

程序运行结果如图 5-9 所示。

在图 5-9 中，图 5-9a 是待处理的原始图像，图 5-9b 是均衡化后的图像，图 5-9c 是原始图像的直方图，可以看出其像素值的灰度级主要分布在 0 ～ 200 之间，图 5-9d 是均衡化后的图像直方图。可以看出，利用 OpenCV 中的 cv2.equalHist() 函数来实现图像直方图均衡化达到了图像像素均匀分布的效果，这与按照直方图均衡化原理设计程序实现的结果基本一致。

a）原始图像

b）均衡化后的图像

图 5-9　例 5-8 运行结果

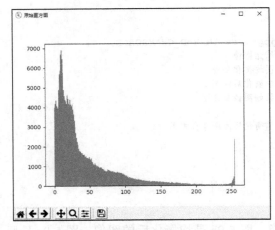
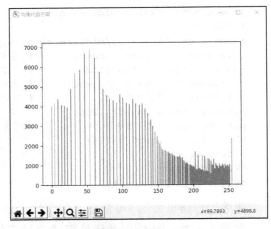

　　　　c）原始图像直方图　　　　　　　　　　　　　d）均衡化后的图像直方图

图 5-9　（续）

5.4.3　自适应直方图均衡化

　　自适应直方图均衡化的原理是先将图像划分为不重叠的区域块，然后对每一个块分别进行直方图均衡化。这种方式在没有噪声影响的情况下，每一个小区域的灰度直方图会被限制在一个小的灰度级范围内；但是如果有噪声，则噪声会被放大。为了解决这种问题，我们采用了"限制对比度"的方法。如果直方图的 bin 超过了提前预设好的"限制对比度"，那么该直方图会被裁剪，然后将裁剪的部分均匀分布到其他的 bin，这样就重构了直方图。

　　在 OpenCV 中提供了 createCLAHE 函数来实现限制对比度的自适应直方图均衡化，其中默认设置限制对比度为 40，大小为 8×8 的矩阵。下面介绍一个实例。

　　【例 5-9】　使用 cV.createCLAHE() 函数实现限制对比度的直方图均衡化。
代码如下：

```
import cv2 as cv
import matplotlib.pyplot as plt
# 读取图像
image = cv.imread("F:/picture/img4.jpg",cv.IMREAD_ANYCOLOR)
# 创建 CLAHE 对象
clahe = cv.createCLAHE(clipLimit=2.0, tileGridSize=(8,8))
# 限制对比度的自适应阈值均衡化
dst = clahe.apply(image)
# 显示图像
cv.imshow("image", image)
cv.imshow("clahe",dst)
plt.figure(" 原始直方图 ")          # 显示原始图像直方图
plt.hist(image.ravel(),256)
plt.figure(" 均衡化直方图 ")        # 显示均衡化后的图像直方图
```

```
plt.hist(dst.ravel(),256)
plt.show()
cv.waitKey()
cv.destroyAllWindows()
```

程序运行结果如图 5-10 所示。

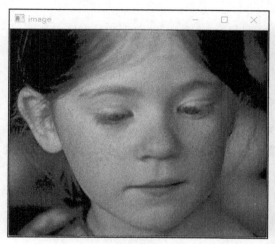

a）原始图像

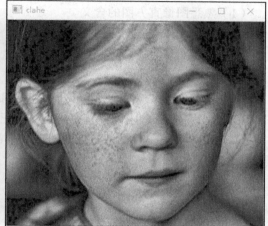

b）自适应均衡化图像

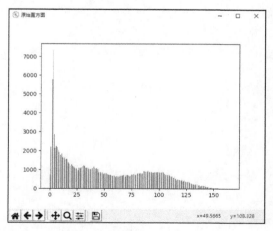

c）原始图像直方图

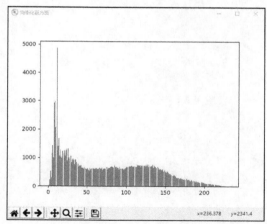

d）自适应均衡化图像直方图

图 5-10　例 5-9 的运行结果

在图 5-10 中，图 5-10a 是待处理的原始图像，图 5-10b 是自适应均衡化后的图像，图 5-10c 是原始图像的直方图，可以看出其像素值的灰度级主要分布在 0～150 之间，图 5-10d 是均衡化后的图像直方图，可以看出经过直方图处理后，像素点的灰度级均衡地分布在 0 ~ 255 之间。另外，从图 5-10b 中可以明显地看出灰度级阈值分块的情况。

5.5 思考与练习

1. 概念题

（1）熟悉图像直方图的含义。

（2）简述图像直方图化的基本过程。

（3）熟悉图像直方图均衡化的基本原理。

2. 操作题

（1）使用 OpenCV 和 pyplot 两种方法绘制图 5-7a 的直方图。

（2）编写程序，对图 5-10a 进行直方图正规化处理。

（3）编写程序，对图 5-7a 实现直方图均衡化的效果，深入了解直方图均衡化在图像处理中的作用。

CHAPTER 6

第 6 章

图像平滑滤波处理

实际环境中每幅图像都或多或少地包含不同程度的噪声，可以将这种噪声理解为一种或者多种原因造成的灰度值的随机变化。图像的平滑处理就是在保留原有图像信息的条件下，过滤掉图像内部的噪声，这种图像处理方式得到的图像称为平滑图像。通过图像的平滑处理操作，可以有效地过滤图像内的噪声信息。本章将介绍几种平滑滤波器的原理与实现。

6.1 图像平滑概述

图像的平滑处理操作会将图像中与周围像素点的像素值差异较大的像素点进行处理，将该点的值调整为周围像素点像素值的近似值。我们知道，图像在表示时由若干个像素点组成，每个像素点表示的值不同，图像的平滑滤波器就是定义一个 $N \times N$ 的矩阵分别按照一定的算法与像素值进行运算，得到图像平滑的结果，如图 6-1 所示。

125	123	118	116	120
123	118	124	120	119
117	120	**56**	119	120
118	121	119	125	115
113	117	118	122	116

图 6-1　一幅图像的像素值

在图 6-1 中，位于第 3 行第 3 列的像素点与周围像素点的值的大小存在明显差异。这种情况的像素值反映在图像上就是该点周围的像素点都是灰度点，而该点的颜色较深，是一个黑色点。

图像的平滑滤波可以表示为以该点为中心选取周围的像素点，按照一定的算法进行计算，得到新的像素值代替该点的像素值。经过处理后的像素值如图 6-2 所示。

125	123	118	116	120
123	118	124	120	119
117	120	**118**	119	120
118	121	119	125	115
113	117	118	122	116

图 6-2   图像平滑后的像素值

图 6-2 显示了针对第 3 行第 3 列的像素点进行平滑处理的结果，平滑处理后，该点的像素值由 56 变为 118。在对第 3 行第 3 列的像素点进行平滑处理后，图像内所有像素的颜色趋于一致。

现在做出一个假设，如果对图像内的每一个像素点都进行上述平滑处理，是否就能够对整幅图像完成平滑处理，有效地去除图像内的噪声信息呢？答案是肯定的。另外，图像平滑处理通常伴随着图像模糊操作，因此图像平滑处理有时也被称为图像模糊处理。

图像滤波是图像处理和计算机视觉中最常用、最基本的操作。图像滤波允许在图像上进行各种各样的操作，因此有时也会把图像平滑处理称为图像滤波。

6.2   高斯滤波

在 6.1 节中提到，图像的平滑滤波就是定义一个 $N \times N$ 的矩阵分别按照一定的算法与像素值进行运算，得到图像平滑的结果。不同的滤波器的实现主要是其作为与原始图像相运算的矩阵（也叫卷积核）不同。在高斯滤波中，按照与中心点的距离不同，赋予像素点不同的权值，靠近中心点的权重值较大，远离中心点的权重值较小，在此基础上计算邻域内各个像素值不同权重的和。

6.2.1   原理简介

在高斯滤波中，卷积核中的值按照距离中心点的远近分别赋予不同的权重，如图 6-3 所示为一个 3×3 的卷积核。

0.05	0.10	0.05
0.10	0.40	0.10
0.05	0.10	0.05

图 6-3　一个高斯卷积核

在定义卷积核时需要注意的是，如果采用小数定义权重，其各个权重的累加值要等于 1。

下面使用图 6-3 所示的卷积核对图 6-1 中位于第 3 行第 3 列的像素点进行计算，计算过程如下：

$$new = 118 \times 0.05 + 124 \times 0.10 + 120 \times 0.05$$
$$+ 120 \times 0.05 + 56 \times 0.40 + 119 \times 0.10$$
$$+ 121 \times 0.05 + 119 \times 0.10 + 125 \times 0.05$$
$$\approx 89$$

可以看出，像素值 89 相对于 56 更接近周围的像素值。在实际处理过程中，卷积核一般是归一化处理的，比如图 6-3 所示的卷积核。

6.2.2　Python 实现

在 OpenCV 中提供了 cv2.GassianBlur() 函数来实现图像的高斯滤波。其一般格式为：

```
dst = cv2.GassianBlur (src,ksize,sigmaX, sigmaY,borderType)
```

其中：

- dst 表示返回的高斯滤波处理结果。
- src 表示原始图像，该图像不限制通道数目。
- ksize 表示滤波卷积核的大小，需要注意的是滤波卷积核的数值必须是奇数。
- sigmaX 表示卷积核在水平方向上的权重值。
- sigmaY 表示卷积核在水平方向上的权重值。如果 sigmaY 被设置为 0，则通过 sigmaX 的值得到，但是如果两者都为 0，则通过如下方式计算得到：

$$\text{sigmaX} = 0.3 \times \left[(\text{ksize.width} - 1) \times 0.5 - 1 \right] + 0.8$$
$$\text{sigmaY} = 0.3 \times \left[(\text{ksize.height} - 1) \times 0.5 - 1 \right] + 0.8$$

- borderType 表示以哪种方式处理边界值。

下面介绍一个实例观察高斯滤波效果。

【例 6-1】　对图像进行高斯滤波操作，观察滤波效果。

代码如下：

```
import cv2 as cv
image = cv.imread("F:/picture/g1.jpg")  # 读取一幅图像
cv.imshow("image", image)  # 显示原图
# 定义卷积和为 5*5，采用自动计算权重的方式实现高斯滤波
gauss = cv.GaussianBlur(image, (5,5),0,0)
cv.imshow("gauss", gauss)      # 显示滤波后的图像
cv.waitKey()
cv.destroyAllWindows()
```

程序运行结果如图 6-4 所示。

a）原始图像

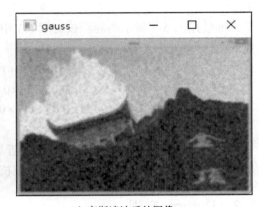

b）高斯滤波后的图像

图 6-4　例 6-1 的运行结果

在图 6-4 中可以看出，相对于图 6-4a，图 6-4b 的噪声得到了明显的抑制，但是图像也变得比较模糊，这正是高斯滤波也叫作高斯模糊的原因。

6.3　均值滤波

均值滤波与高斯滤波略有不同，一般用当前像素点周围 $N \times N$ 个像素值的均值来代替当前像素值。使用该方法遍历处理图像内的每一个像素点，即可完成整幅图像的均值滤波。

6.3.1　原理简介

在均值滤波中，首先考虑的是要对中心的周围多少像素进行取平均值。一般而言，会选取行列数相等的卷积核进行均值滤波。另外，在均值滤波中，卷积核中的权重是相等的，如图 6-5 所示为均值滤波的 3×3 的卷积核。

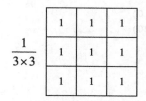

图 6-5　一个均值滤波卷积核

下面使用图 6-5 所示的卷积核对图 6-1 中位于第 3 行第 3 列的像素点进行计算，计算过程如下。

$$new = (118+124+120$$
$$+120+56+119$$
$$+121+119+125)/9$$
$$=114$$

可以看出，像素值 114 相对于 56 更接近周围的像素值。一般来说，选取的卷积核越大，图像的失真情况就越严重。

6.3.2　Python 实现

在 OpenCV 中提供了 cv2.blur() 函数来实现图像的均值滤波。其一般格式为：

dst = cv2. blur (src,ksize,anchor,borderType)

其中：

- dst 表示返回的均值滤波处理结果。
- src 表示原始图像，该图像不限制通道数目。
- ksize 表示滤波卷积核的大小。
- anchor 表示图像处理的锚点，其默认值为（-1,-1），表示位于卷积核中心点。
- borderType 表示以哪种方式处理边界值。

通常情况下，在使用均值滤波时，anchor 和 borderType 参数直接使用默认值即可。下面介绍一个实例观察均值滤波效果。

【例 6-2】　使用不同大小的卷积核对图像进行均值滤波，观察滤波效果。

代码如下：

```
import cv2 as cv
image = cv.imread("F:/picture/g1.jpg")          # 读取一幅图像
cv.imshow("image", image)                       # 显示原图
means5 = cv.blur(image, (5,5))                   # 定义卷积和为 5×5，实现均值滤波
means10 = cv.blur(image, (10,10))                # 定义卷积和为 10×10，实现均值滤波
means20 = cv.blur(image, (20,20))                # 定义卷积和为 20×20，实现均值滤波
# 显示滤波后的图像
cv.imshow("means5", means5)
```

```
cv.imshow("means10", means10)
cv.imshow("means20", means20)
cv.waitKey()
cv.destroyAllWindows()
```

程序运行结果如图 6-6 所示。

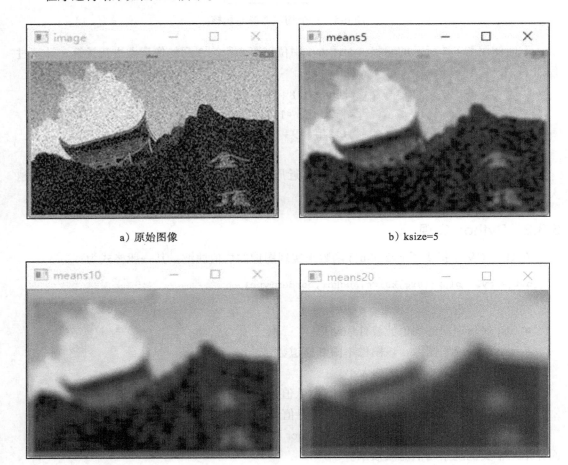

a）原始图像　　　　　　　　　　　　　　　　b）ksize=5

c）ksize=10　　　　　　　　　　　　　　　　d）ksize=20

图 6-6　例 6-2 的运行结果

在图 6-6 中，图 6-6a 是原始图像，图 6-6b 是在卷积核大小为 5×5 时的滤波图像，图 6-6c 是在卷积核大小为 10×10 时的滤波图像，图 6-6d 是在卷积核大小为 20×20 时的滤波图像。可以看出，随着卷积核的增大，图像的失真情况越来越严重。

6.4 方框滤波

除均值滤波之外，OpenCV 还提供了方框滤波的方式。与均值滤波的不同在于，方框滤波不会计算像素均值。在方框滤波中，可以选择是否对均值滤波的结果进行归一化，即可以选择滤波结果是邻域像素值之和的平均值，还是邻域像素值之和。

6.4.1 原理简介

在进行方框滤波时，可以在均值滤波的基础上选择是否对滤波结果进行归一化操作。如果要对均值滤波的结果进行归一化，则卷积核的形式如下。

$$M = \frac{1}{3 \times 3}\begin{bmatrix} 1 & 1 & 1 \\ 1 & 1 & 1 \\ 1 & 1 & 1 \end{bmatrix}$$

如果不对滤波结果归一化，只是计算邻域像素之和，则其卷积核如下。

$$M = \begin{bmatrix} 1 & 1 & 1 \\ 1 & 1 & 1 \\ 1 & 1 & 1 \end{bmatrix}$$

6.4.2 Python 实现

在 OpenCV 中提供了 cv2.boxFilter() 函数来实现图像的方框滤波。其一般格式为：

```
dst = cv2.boxFilter (src,depth,ksize,anchor,normalize,borderType)
```

其中：

- dst 表示返回的方框滤波处理结果。
- src 表示原始图像，该图像不限制通道数目。
- depth 表示处理后图像的深度，一般使用 −1 表示与原始图像相同的深度。
- ksize 表示滤波卷积核的大小。
- anchor 表示图像处理的锚点，其默认值为（−1,−1），表示位于卷积核中心点。
- normalize 表示是否进行归一化操作。
- borderType 表示以哪种方式处理边界值。

通常情况下，在使用方框滤波时，anchor、normalize 和 borderType 参数直接使用默认值即可。下面介绍一个实例观察方框滤波效果。

【例 6-3】 设置不同的参数对图像进行方框滤波，观察滤波效果。

代码如下：

```
import cv2 as cv
image = cv.imread("F:/picture/g1.jpg")  # 读取一幅图像
```

```
cv.imshow("image", image)   # 显示原图
# 定义卷积和为 5*5, normalize=0 不进行归一化
box5_0 = cv.boxFilter(image, -1, (5,5),normalize=0)
# 定义卷积和为 2*2, normalize=0 不进行归一化
box2_0 = cv.boxFilter(image, -1, (2,2),normalize=0)
# 定义卷积和为 5*5, normalize=1 进行归一化
box5_1 = cv.boxFilter(image, -1, (5,5),normalize=1)
# 定义卷积和为 2*2, normalize=1 进行归一化
box2_1 = cv.boxFilter(image, -1, (2,2),normalize=1)
cv.imshow("box5_0", box5_0)     # 显示滤波后的图像
cv.imshow("box2_0", box2_0)     # 显示滤波后的图像
cv.imshow("box5_1", box5_1)     # 显示滤波后的图像
cv.imshow("box2_1", box2_1)     # 显示滤波后的图像
cv.waitKey()
cv.destroyAllWindows()
```

程序运行结果如图 6-7 所示。

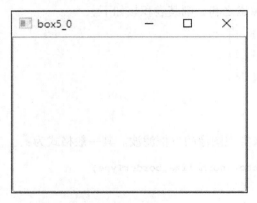

a）未归一化 5×5 滤波

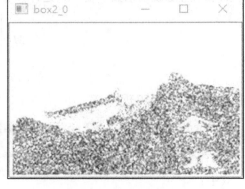

b）未归一化 2×2 滤波

c）归一化 2×2 滤波

d）归一化 5×5 滤波

图 6-7　例 6-3 的运行结果

e）原始图像

图 6-7 （续）

在图 6-7 中，图 6-7a 是 5×5 的未归一化方框滤波出的结果，像素和的最大值超出了 255 被截断，所以显示为白色图像；图 6-7b 是 2×2 未归一化方框滤波的结果，像素和没有超出 255，但是较大的像素值偏多，所以图像整体偏白；图 6-7c 是归一化的 2×2 方框滤波的结果，相对于图 6-7b 图像的显示正常；图 6-7d 是 5×5 的归一化方框滤波的结果，相对于图 6-7a，其显示结果较为正常；图 6-7e 是原始图像。

6.5 中值滤波

中值滤波的计算原理是用中心点邻域内所有像素值的中间值来替代当前像素点的像素值。

6.5.1 原理简介

中值滤波会选取中心点邻域的奇数个像素点的像素值，将这些像素值排序，选取中间的像素值作为当前中心点的像素值，如图 6-8 所示。

125	123	118	116	120
123	118	124	120	119
117	120	**56**	119	120
118	121	119	125	115
113	117	118	122	116

图 6-8　一幅图像的像素值

将图 6-8 中颜色较深的像素值进行排序为 [56,118,119,119,120,120,121,124,125]，其中颜色加深的像素值 120 为中间值，选取其作为中心点像素值 56 的替代值，如图 6-9 所示。

125	123	118	116	120
123	118	124	120	119
117	120	120	119	120
118	121	119	125	115
113	117	118	122	116

图 6-9　中值滤波结果

6.5.2　Python 实现

在 OpenCV 中提供了 cv2.medianBlur() 函数来实现图像的中值滤波。其一般格式为：

```
dst = cv2. medianBlur (src,ksize)
```

其中：

- dst 表示返回的方框滤波处理结果。
- src 表示原始图像，该图像不限制通道数目。
- ksize 表示滤波卷积核的大小。

下面设置不同的参数对图像进行中值滤波，观察滤波效果。

【例 6-4】 针对混合椒盐噪声的图像，使用中值滤波观察效果。

代码如下：

```
import cv2 as cv
image = cv.imread("F:/picture/jiao1.jpg") # 读取一幅图像
cv.imshow("image", image)  # 显示原始图像
# 使用卷积核为 5*5 的中值滤波
median = cv.medianBlur(image, 5)
cv.imshow("median", median)  # 显示滤波结果
cv.waitKey()
cv.destroyAllWindows()
```

程序运行结果如图 6-10 所示。

在图 6-10 中，图 6-10a 是加有椒盐噪声的原始图像，图 6-10b 是对图 6-10a 进行中值滤波的结果。可以看出，中值滤波可以有效地处理椒盐噪声，而且不会产生图像模糊的现象。

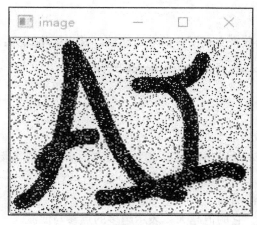
a）原始图像

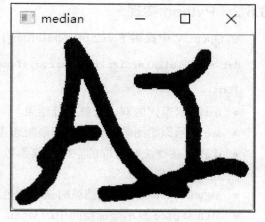
b）中值滤波后的图像

图 6-10　例 6-4 的运行结果

6.6　双边滤波

前几节所介绍的滤波器虽然可以完成对图像滤波的作用，但是并不能很好地保护边缘信息，双边滤波的出现刚好解决了这个问题，它在滤波过程中可以有效保护图像的边缘信息。

6.6.1　原理简介

双边滤波在计算某个像素点时不仅考虑距离信息，还会考虑色差信息，这种计算方式可以在有效去除噪声的同时保护边缘信息。

在通过双边滤波处理边缘的像素点时，与当前像素点色差较小的像素点会被赋予较大的权重。相反，色差较大的像素点会被赋予较小权重，双边滤波正是通过这种方式保护了边缘信息，如图 6-11 所示。

255	255	255	255	255	255	255	255
0	0	0	0	0	0	0	0

a）原始图像边缘像素点

255	255	255	255	255	255	255	255
0	0	0	0	0	0	0	0

b）双边滤波后可能的边缘像素点

图 6-11　双边滤波示例

在通过双边滤波计算边缘像素点时，对于上面的白色像素点赋予的权重值较大，而对于下面的黑色像素点赋予的权重值很小，甚至是 0。这样计算后的结果是白色仍然是白色，而黑色仍然是黑色，边缘信息得到了保护。

6.6.2　Python 实现

在 OpenCV 中提供了 cv2.bilateralFilter() 函数来实现图像的双边滤波。其一般格式为：

```
dst = cv2.bilateralFilter (src,d,sigmaColor,sigmaSpace,borderType)
```

其中：

- dst 表示返回的双边滤波处理结果。
- src 表示原始图像，该图像不限制通道数目。
- d 表示在滤波时选取的空间距离参数，表示以当前像素点为中心点的半径。在实际应用中一般选取 5。
- sigmaColor 表示双边滤波时选取的色差范围。
- sigmaSpace 表示坐标空间中的 sigma 值，它的值越大，表示越多的点参与滤波。
- borderType 表示以何种方式处理边界。

【例 6-5】 针对噪声的图像，分别使用高斯滤波和双边滤波，观察效果。

代码如下：

```
import cv2 as cv
image = cv.imread("F:/picture/luot.jpg")          # 读取一幅图像
cv.imshow("image", image)                         # 显示原始图像
gauss = cv.GaussianBlur(image,(55,55),0,0)        # 对图像进行高斯滤波
bilateral = cv.bilateralFilter(image,55,100,100)  # 对图像进行双边滤波
cv.imshow("bilateral", bilateral)                 # 显示滤波后的图像
cv.imshow("gauss", gauss)                         # 显示滤波后的图像
cv.waitKey()
cv.destroyAllWindows()
```

程序运行结果如图 6-12 所示。

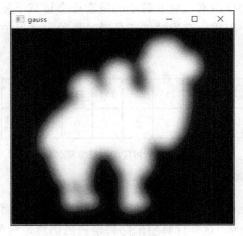
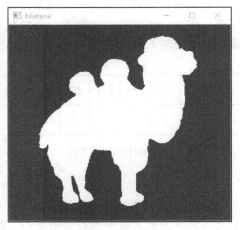

a）高斯滤波结果　　　　　　　　　　　b）双边滤波结果

图 6-12　例 6-5 的运行结果

c) 原始图像

图 6-12 （续）

在图像 6-12 中，图 6-12a 是对图 6-12c 高斯滤波后的结果；图 6-12b 是对图 6-12c 双边滤波后的结果。可以看出，高斯滤波使图像边缘发生了模糊现象，双边滤波有效地保护了边缘信息。

6.7　2D 卷积核的实现

虽然 OpenCV 提供了多种滤波方式来实现平滑图像的效果，并且绝大多数滤波方式所使用的卷积核都能方便地设置卷积核的大小和数值。但是，我们有时希望使用特定的卷积核实现卷积操作，这就是所谓的自定义卷积核实现图像的平滑处理。

在 OpenCV 中，允许用户使用自定义卷积核实现卷积操作，提供的函数是 cv2. filter2D()，其一般格式为：

```
dst = cv2. filter2D (src, d, kernel, anchor, delta, borderType)
```

其中：

- dst 表示返回的双边滤波处理结果。
- src 表示原始图像，该图像不限制通道数目。
- d 表示处理结果图像的图像深度，一般使用 −1 表示与原始图像使用相同的图像深度。
- kernel 表示一个单通道的卷积核。
- anchor 表示图像处理的锚点，其默认值为（−1,−1），表示位于卷积核中心点。
- delta 表示修正值，可选。如果该值存在，会在滤波的基础上加上该值作为最终的滤波处理结果。

- borderType 表示以何种情况处理边界。

在一般情况下，使用 cv2.filter2D() 函数时，参数 anchor、delta 和 borderType 采用默认值即可。

【例 6-6】 使用自定义的卷积核对图像进行滤波处理，观察效果。

代码如下：

```python
import cv2 as cv
import numpy as np
image = cv.imread("F:/picture/lena.png")        # 读取一幅图像
cv.imshow("image", image)                        # 显示原始图像
k1 = np.ones((13,13), np.float32)*3/(13*13)      # 设置 13×13 的卷积核
k2 = np.ones((9,9),np.float32)*2/81              # 设置 9×9 的卷积核
k3 = np.ones((5,5),np.float32)/25                # 设置 5×5 的卷积核
out1 = cv.filter2D(image, -1, k1)                # 利用设置 13×13 卷积核进行滤波
out2 = cv.filter2D(image, -1, k2)                # 利用设置 9×9 卷积核进行滤波
out3 = cv.filter2D(image, -1, k3)                # 利用设置 5×5 卷积核进行滤波
cv.imshow("out1", out1)                          # 显示滤波后的图像
cv.imshow("out2", out2)                          # 显示滤波后的图像
cv.imshow("out3", out3)                          # 显示滤波后的图像
cv.waitKey()
cv.destroyAllWindows()
```

程序运行结果如图 6-13 所示。

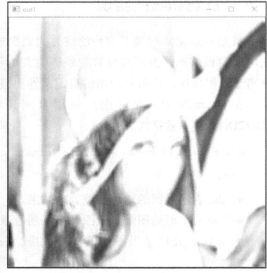

a）原始图像　　　　　　　　　　　　　　　b）13×13 卷积核

图 6-13　例 6-6 的运行结果

c) 9×9卷积核　　　　　　　　　　　　　　　　　d) 5×5卷积核

图 6-13 （续）

在图 6-13 中，图 6-13a 是原始图像；图 6-13b 是采用自定义的大小为 13×13、值为 3 的卷积核得到的滤波图像；图 6-13c 是采用自定义的大小为 9×9、值为 2 的卷积核得到的滤波图像；图 6-13d 是采用自定义的大小为 5×5、值为 1 的卷积核得到的滤波图像。本例中使用的自定义卷积核比较简单，在实际应用中可以使用更加复杂的自定义卷积核。

6.8　思考与练习

1. 概念题
（1）简述图像平滑的基本过程以及物理意义。
（2）介绍图像平滑的几种常用滤波器并解释其滤波的基本原理。

2. 操作题
（1）编写程序，选择合适的滤波器实现去除图 6-10a 中椒盐噪声的操作。
（2）编写程序，对图 6-10a 进行高斯滤波处理，得到图像的细节信息。
（3）自定义卷积核，实现对图 6-10a 的平滑处理，观察不同滤波器下滤波的处理结果。

第 7 章

图像阈值处理

当人观察景物时，所看到的并不是复杂的景象，这是因为人眼的视觉系统会自动对景物进行处理，这个过程使人眼所观察到的图像变成了一些物体的集合。用数字图像处理描述这一过程，就是把图像分成若干个特定的区域，每一个区域代表一个像素的集合，每一个集合又代表一个物体，完成该过程的技术被称为区域分割。图像的阈值处理属于区域分割的一种，是指剔除图像内像素值高于一定值或低于一定值的像素点。

7.1 阈值处理概述

现有的图像区域分割方法有很多种，本章主要针对阈值处理技术展开介绍，它是一种通过灰度值信息提取形状的简单技术。阈值处理的基本原理是根据灰度值信息提取前景，尤其适用于前景物体与背景有较强对比度的图像。对于对比度很弱的图像，可以先增强图像的对比度，然后再进行阈值处理。因为阈值处理后的输出图像一般只有两种灰度值，所以阈值处理又被称为图像的二值化处理。阈值处理包括全局阈值和局部阈值两种处理方法。

7.2 全局阈值处理

全局阈值处理指的是将灰度值大于阈值的像素设为白色（255），小于或等于阈值的像素设为黑色（0）；或者将大于阈值的像素设为黑色（0），小于或等于阈值的像素设为白色（255）。二者只是显示的形式不同。

7.2.1 原理简介

对于全局阈值处理，可以假设一幅图像的部分像素值如图 7-1 所示。

设定阈值为 130，即像素值大于 130 的设置为 255，像素值小于或等于 130 的设置为 0。按照这种原则去处理图 7-1 的像素值得到新的像素值，如图 7-2 所示。

122	65	112	178	52
98	23	167	110	152
113	154	223	65	114
220	116	98	78	75
45	87	111	32	101

图 7-1　一幅图像的部分像素值

0	0	0	255	0
0	0	255	0	255
0	255	255	0	0
255	0	0	0	0
0	0	0	0	0

图 7-2　阈值处理后的像素值

在图 7-2 中，可以看到图像的像素值被处理成了二值化图像。

OpevCV 中提供了 cv2.threshold() 函数和 cv2.adaptiveThreshold() 函数用于处理图像的阈值。

7.2.2　OpenCV 阈值函数 cv2.threshold()

在 OpenCV 3.x 版本中提供了 cv2.threshold() 函数进行阈值化处理，其一般格式为：

```
ret, dst = cv2. threshold (src, thresh, maxval, type)
```

其中：

- ret 表示返回的阈值。
- dst 表示输出的图像。
- src 表示要进行阈值分割的图像，可以是多通道的图像。
- thresh 表示设定的阈值。
- maxval 表示 type 参数为 THRESH_BINARY 或 THRESH_BINARY_INV 类型时所设定的最大值。在显示二值化图像时，一般设置为 255。
- type 表示阈值分割的类型。

下面介绍几种阈值分割的实例。

7.2.3　阈值分割实例

本节将介绍几种基于 cv2.threshold() 函数的阈值处理实例。主要有二值化阈值处理、反二值化阈值处理、截断阈值处理、超阈值零处理和低阈值零处理。

1. 二值化阈值处理

可以通过一个实例对二值化阈值处理的原理进行解释。

【例 7-1】 创建随机像素值进行二值化阈值处理。

代码如下：

```
import cv2 as cv
import numpy as np
# 创建一个 6×6 的随机像素矩阵
image = np.random.randint(0,256,size=[6,6],dtype=np.uint8)
# 使用 threshold 函数进行二值化阈值处理
th, rst = cv.threshold(image, 100, 255, cv.THRESH_BINARY)
# 打印处理结果
print("image=\n",image)
print("imagerst",rst)
```

程序运行结果如图 7-3 所示。

```
image=
[[197 143 247 180 166  60]
 [103  65 107  63  27 246]
 [117  87 114  45 145  28]
 [205 116 163 155 226 180]
 [183  67 237  29 233  94]
 [ 89 252 184  14 163   1]]
imagerst [[255 255 255 255 255   0]
 [255   0 255   0   0 255]
 [255   0 255   0 255   0]
 [255 255 255 255 255 255]
 [255   0 255   0 255   0]
 [  0 255 255   0 255   0]]
```

图 7-3   例 7-1 的运行结果

在图 7-3 中可以看出二值化阈值处理的原理，即当像素值大于设定的阈值时，该点像素值改为 255；当像素值小于或等于设定的阈值时，该点像素值改为 0。因此，二值化阈值处理会将图像处理为只有两个像素值的二值图像。其处理规则为：

$$dst = \begin{cases} maxval, & src > thresh \\ 0, & 其他 \end{cases}$$

上式中，thresh 为设定的阈值，maxval 为设置的像素值最大值。

【例 7-2】 使用 cv2.threshold() 函数对图像进行二值化阈值处理，观察图像。

代码如下：

```
import cv2 as cv
image = cv.imread("F:/picture/lena.png") # 读取一幅 lena 图
# 阈值处理参数设置：thresh=127, maxval=255, type=THRESH_BINARY
```

```
ret, dst = cv.threshold(image, 127,255,cv.THRESH_BINARY)
cv.imshow("image",image)                                # 显示原始图像
cv.imshow("dst",dst)                                    # 显示阈值处理后的图像
cv.waitKey()
cv.destroyAllWindows()
```

程序运行结果如图 7-4 所示。

a）原始图像   b）二值化阈值处理

图 7-4 例 7-2 的运行结果

在图 7-4 中，图 7-4a 是原始图像，图 7-4b 是二值化阈值处理的结果。可以看出图像被处理为二值图像。

2. 反二值化阈值处理

可以通过一个实例对反二值化阈值处理的原理进行解释。

【**例 7-3**】 创建随机像素值进行反二值化阈值处理。

代码如下：

```
import cv2 as cv
import numpy as np
# 创建一个 6×6 的随机像素矩阵
image = np.random.randint(0,256,size=[6,6],dtype=np.uint8)
# 使用 threshold 函数进行反二值化阈值处理
th, rst = cv.threshold(image, 100, 255, cv.THRESH_BINARY_INV)
# 打印处理结果
print("image=\n",image)
print("imagerst\n",rst)
```

程序运行结果如图 7-5 所示。

```
image=
[[ 30 182 154  93 188  88]
 [ 64   6  40  14 131 219]
 [220 204 185 130  92  63]
 [218  32  73  80  19  44]
 [144 175 189  34  53  78]
 [202  59 193 176 203  75]]
imagerst
[[255   0   0 255   0 255]
 [255 255 255 255   0   0]
 [  0   0   0   0 255 255]
 [  0 255 255 255 255 255]
 [  0   0   0   0 255 255]
 [  0 255   0   0   0 255]]
```

图 7-5　例 7-3 的运行结果

在图 7-5 中可以看出二值化阈值处理的原理，即当像素值大于设定的阈值时，该点像素值改为 0；当像素值小于或等于设定的阈值时，该点像素值改为 255。因此，反二值化阈值处理与二值化阈值处理类似，只是，对象素的处理方式不同。其处理规则为：

$$dst = \begin{cases} 0, & src > thresh \\ maxval, & 其他 \end{cases}$$

上式中，thresh 为设定的阈值，maxval 为设置的像素值最大值。

【例 7-4】　使用 cv2.threshold() 函数对图像进行反二值化阈值处理，观察图像。

代码如下：

```
import cv2 as cv
image = cv.imread("F:/picture/lena.png",0)          # 读取一幅 lena 灰度图
# 阈值处理参数设置: thresh=127, maxval=255, type=THRESH_BINARY_INV
ret, dst = cv.threshold(image, 127,255,cv.THRESH_BINARY_INV)
cv.imshow("image",image)                            # 显示原始图像
cv.imshow("dst",dst)                                # 显示阈值处理后的图像
cv.waitKey()
cv.destroyAllWindows()
```

程序运行结果如图 7-6 所示。

在图 7-6 中，图 7-6a 是原始图像，图 7-6b 是反二值化阈值处理的结果，与图 7-4b 对比，二者的颜色刚好相反。

a) 原始图像

b) 反二值化阈值处理

图 7-6 例 7-4 的运行结果

3. 截断阈值处理

可以通过一个实例对截断阈值处理的原理进行解释。

【例 7-5】 创建随机像素值进行截断阈值处理。

代码如下：

```
import cv2 as cv
import numpy as np
# 创建一个 6×6 的随机像素矩阵
image = np.random.randint(0,256,size=[6,6],dtype=np.uint8)
# 使用 threshold 函数进行截断阈值处理
th, rst = cv.threshold(image, 100, 255, cv.THRESH_TRUNC)
# 打印处理结果
print("image=\n",image)
print("imagerst=\n",rst)
```

程序运行结果如图 7-7 所示。

在图 7-7 中可以看出截断阈值处理的原理，即当像素值大于设定的阈值时，该点像素值改为阈值；当像素值小于或等于设定的阈值时，该点像素值不发生改变。因此，截断阈值处理的处理规则如下：

$$dst = \begin{cases} thresh, & src > thresh \\ src, & 其他 \end{cases}$$

上式中，thresh 为设定的阈值，src 为图像的原始像素值。

```
image=
[[ 19  96 153 135 187 198]
 [156 148 135 215  23  75]
 [  7 193  40  62 118 244]
 [ 48 214 228 117  22 162]
 [ 86 113 136 207 209 238]
 [127  18 147 113 165  14]]
imagerst=
[[ 19  96 100 100 100 100]
 [100 100 100 100  23  75]
 [  7 100  40  62 100 100]
 [ 48 100 100 100  22 100]
 [ 86 100 100 100 100 100]
 [100  18 100 100 100  14]]
```

图 7-7   例 7-5 的运行结果

【例 7-6】 使用 cv2.threshold() 函数对图像进行截断阈值处理，观察图像。

代码如下：

```
import cv2 as cv
image = cv.imread("F:/picture/lena.png",0)          # 读取一幅 lena 灰度图
# 阈值处理参数设置: thresh=127, maxval=255, type=THRESH_BINARY_INV
ret, dst = cv.threshold(image, 127,255,cv.THRESH_TRUNC)
cv.imshow("image",image)                             # 显示原始图像
cv.imshow("dst",dst)                                 # 显示阈值处理后的图像
cv.waitKey()
cv.destroyAllWindows()
```

程序运行结果如图 7-8 所示。其中，图 7-8a 是原始图像，图 7-8b 是截断阈值处理的结果。

4. 超阈值零处理

可以通过一个实例对超阈值零处理的原理进行解释。

【例 7-7】 创建随机像素值进行超阈值零处理。

代码如下：

```
import cv2 as cv
import numpy as np
# 创建一个 6×6 的随机像素矩阵
image = np.random.randint(0,256,size=[6,6],dtype=np.uint8)
# 使用 threshold 函数进行超阈值零处理
th, rst = cv.threshold(image, 100, 255, cv.THRESH_TOZERO_INV)
# 打印处理结果
print("image=\n",image)
print("imagerst=\n",rst)
```

a）原始图像

b）截断阈值处理

图 7-8 例 7-6 的运行结果

程序运行结果如图 7-9 所示。

```
image=
[[217 243   6  57 238 227]
 [ 10  52 150 186  76  83]
 [202 241 203  69 130 242]
 [ 74 240 219 114   9  87]
 [ 90  41 207 156 236  43]
 [232  46 196  80 187 248]]
imagerst=
[[ 0  0  6 57  0  0]
 [10 52  0  0 76 83]
 [ 0  0  0 69  0  0]
 [74  0  0  0  9 87]
 [90 41  0  0  0 43]
 [ 0 46  0 80  0  0]]
```

图 7-9 例 7-7 的运行结果

在图 7-9 中可以看出超阈值零处理的原理，即当像素值大于设定的阈值时，该点像素值改为 0；当像素值小于或等于设定的阈值时，该点像素值不发生改变。因此，超阈值零处理的表达式规则为：

$$dst = \begin{cases} 0, & src > thresh \\ src, & 其他 \end{cases}$$

上式中，thresh 为设定的阈值，src 为图像的原始像素值。

【例 7-8】 使用 cv2.threshold() 函数对图像进行超阈值零处理，观察图像。

代码如下：

```
import cv2 as cv
image = cv.imread("F:/picture/lena.png",0)          # 读取一幅 lena 灰度图
# 阈值处理参数设置: thresh=127, maxval=255, type=THRESH_TOZERO_INV
ret, dst = cv.threshold(image, 127,255,cv.THRESH_TOZERO_INV)
cv.imshow("image",image)                            # 显示原始图像
cv.imshow("dst",dst)                                # 显示阈值处理后的图像
cv.waitKey()
cv.destroyAllWindows()
```

程序运行结果如图 7-10 所示。

a）原始图像

b）超阈值零处理

图 7-10　例 7-8 的运行结果

在图 7-10 中，图 7-10a 是原始图像，图 7-10b 是超阈值零处理的结果。可以看出像素值大于阈值的像素点被处理为 0，即黑色。

5. 低阈值零处理

可以通过一个实例对低阈值零处理的原理进行解释。

【例 7-9】 创建随机像素值进行低阈值零处理。

代码如下：

```
import cv2 as cv
import numpy as np
# 创建一个 6×6 的随机像素矩阵
image = np.random.randint(0,256,size=[6,6],dtype=np.uint8)
# 使用 threshold 函数进行低阈值零处理
th, rst = cv.threshold(image, 100, 255, cv.THRESH_TOZERO)
# 打印处理结果
print("image=\n",image)
print("imagerst=\n",rst)
```

程序运行结果如图 7-11 所示。

```
image=
[[243  24 134 192  78  76]
 [119 237  65 214 189 210]
 [196  28 134  98  21 110]
 [220  56  62 166 209 235]
 [ 93 138  89 233  41  22]
 [103 180 169 206 220  19]]
imagerst=
[[243   0 134 192   0   0]
 [119 237   0 214 189 210]
 [196   0 134   0   0 110]
 [220   0   0 166 209 235]
 [  0 138   0 233   0   0]
 [103 180 169 206 220   0]]
```

图 7-11　例 7-9 的运行结果

在图 7-11 中可以看出低阈值零处理的原理，即当像素值大于设定的阈值时，该点像素值不发生改变；当像素值小于或等于设定的阈值时，该点像素值改为 0。因此，低阈值零处理与超阈值零处理规则刚好相反，其表达式规则为：

$$dst = \begin{cases} src, & src > thresh \\ 0, & 其他 \end{cases}$$

上式中，thresh 为设定的阈值，src 为图像的原始像素值。

【例 7-10】　使用 cv2.threshold() 函数对图像进行低阈值零处理，观察图像。

代码如下：

```
import cv2 as cv
image = cv.imread("F:/picture/lena.png",0)          # 读取一幅 lena 灰度图
# 阈值处理参数设置：thresh=127, maxval=255, type=THRESH_TOZERO
```

```
ret, dst = cv.threshold(image, 127,255,cv.THRESH_TOZERO)
cv.imshow("image",image)                           # 显示原始图像
cv.imshow("dst",dst)                               # 显示阈值处理后的图像
cv.waitKey()
cv.destroyAllWindows()
```

程序运行结果如图 7-12 所示。

a）原始图像

b）低阈值零处理

图 7-12　例 7-10 的运行结果

在图 7-12 中，图 7-12a 是原始图像，图 7-12b 是低阈值零处理的结果，与图 7-10b 相比，二者的颜色刚好相反。

7.3　局部阈值处理

在比较理想的情况下，如色彩均衡的图像，对整个图像使用单个阈值进行阈值化就会成功。但是，受到多种因素的影响，图像的色彩并不会很均衡，在这种情况下，使用局部值（又称自适应值）进行分割可以产生好的结果。

7.3.1　原理简介

局部阈值分割的规则如下：

$$O(r,c) = \begin{cases} 255, & I(r,c) > \text{thresh} \\ 0, & I(r,c) \leqslant \text{thresh} \end{cases}$$

或者

$$O(r,c) = \begin{cases} 0, & I(r,c) > \text{thresh} \\ 255, & I(r,c) \leqslant \text{thresh} \end{cases}$$

式中，$O(r,c)$ 表示输出图像的第 r 行，第 c 列的像素，$I(r,c)$ 表示原始图像的第 r 行，第 c 列的像素。

局部阈值处理针对输入矩阵的每个位置的值都有相对应的阈值，这些阈值构成了和输入矩阵同等尺寸的矩阵。

7.3.2　cv2.adaptiveThreshold() 函数

在 OpenCV 中提供了函数 cv2.adaptiveThreshold() 来实现自适应阈值处理，其一般格式为：

```
dst = cv2. adaptiveThreshold (src, maxValue, adaptiveMethod, thresholdType, blockSize,c)
```

其中：

- dst 表示输出的图像。
- src 表示需要进行处理的原始图像，与 threshold 函数不同的是，该图像必须是 8 位单通道的图像。
- maxValue 表示最大值。
- adaptiveMethod 表示自适应方法。
- thresholdType 表示阈值处理方式。
- blockSize 表示块大小。
- c 是常量。

cv2.adaptiveThreshold() 函数根据参数 adaptiveMethod 来确定自适应阈值的计算方法。自适应阈值等于每个像素由参数 blockSize 所指定邻域的加权平均值减去常量 c。

【例 7-11】　对一幅图像使用全局阈值处理和局部阈值处理两种方法，观察处理的结果。代码如下：

```
import cv2 as cv
image = cv.imread("F:/picture/lena.png",0)  # 读取一幅图像
# 使用全局阈值处理，方法为二值化阈值处理，
# 参数设置为 thresh=127, maxval=255, type=THRESH_BINARY
ret, dst = cv.threshold(image, 127,255, cv.THRESH_BINARY)
# 使用局部阈值处理，参数设置为 maxval=255,
# adaptiveMethod=ADAPTIVE_THRESH_MEAN_C
# thresholdType=THRESH_BINARY, blockSize=5, c=3
admean = cv.adaptiveThreshold(image,255,cv.ADAPTIVE_THRESH_MEAN_C,
                              cv.THRESH_BINARY,5,3)
# 使用局部阈值处理，参数设置为 maxval=255,
# adaptiveMethod=ADAPTIVE_THRESH_GAUSSIAN_C
# thresholdType=THRESH_BINARY, blockSize=5, c=3
adguass = cv.adaptiveThreshold(image,255,cv.ADAPTIVE_THRESH_GAUSSIAN_C,
```

```
                                     cv.THRESH_BINARY,5,3)
cv.imshow("image",image)            # 显示原始图像
cv.imshow("dst",dst)                # 显示全局阈值处理——二值化阈值处理图像
cv.imshow("admean",admean)          # 显示局部阈值处理——邻域权重相同方式处理图像
cv.imshow("adguass",adguass)        # 显示局部阈值处理——高斯方程方式处理图像
cv.waitKey()
cv.destroyAllWindows()
```

程序运行结果如图 7-13 所示。

a）原始图像

b）二值化阈值处理

c）权重相等的局部阈值处理

d）权重为高斯分布的局部阈值处理

图 7-13　例 7-11 的运行结果

在图 7-13 中，图 7-13a 是原始图像；图 7-13b 是采用全局阈值中的二值化阈值处理的图像，可以看出损失了大量的细节信息；图 7-13c 是采用权重相等方式的局部阈值处理；图 7-13d 是采用权重为高斯分布的局部阈值处理。可以看出，相对于图 7-13b，图 7-13c 和图 7-13d 保留了大量的细节信息。

7.4 Otsu 阈值处理

在使用 threshold() 函数对图像进行阈值分割时，需要自定义一个阈值。这种阈值对于色彩均衡的图像较为容易选择，但是，对于色彩不均衡的图像，阈值的选择会变得很复杂，使用 Ostu 方法可以较为方便地选择出图像分割的最佳阈值。它会遍历当前图像的所有阈值，选取最佳阈值。

7.4.1 原理简介

Otsu 寻优的方法是最大方差法，该算法是在判别分析最小二乘法原理的基础上推导得出的，计算过程简单，是一种常用的阈值分割的稳定算法。下面介绍其实现的基本流程。

1）计算灰度直方图的零阶累积矩，计算公式如下：

$$\text{zeroCumuMoment}(k) = \sum_{i=0}^{k} \text{histogram}_I(i), k \in [0, 255]$$

上式中，histogram_I 代表归一化的图像灰度直方图，$\text{histogram}_I(k)$ 代表灰度值等于 k 的像素点个数在图像中所占的比率。

2）计算灰度直方图的一阶累积矩，计算公式如下：

$$\text{oneCumuMoment}(k) = \sum_{i=0}^{k} ((i) \times \text{histogram}_I(i)), k \in [0, 255]$$

3）计算图像总体的灰度平均值，计算公式如下：

$$\text{mean} = \text{oneCumuMoment}(255)$$

4）计算每一个灰度级作为阈值时，图像的前景、背景和整体的方差。对方差的衡量采用以下度量：

$$\sigma^2(k) = \frac{(\text{mean} \times \text{zeroCumuMoment}(k) - \text{oneCumulMoment}(k))^2}{\text{zeroCumuMoment}(k) \times (1 - \text{zeroCumuMoment}(k))}, k \in [0, 255]$$

5）找到上述最大的 $\sigma^2(k)$，则对应的 k 即为 Otsu 自动选取的阈值。

7.4.2　Python 实现

尽管前面分析了 Ostu 最大方差法的基本运算流程，但是在 OpenCV 中提供了更加简单的处理方式，即在 threshold() 函数传递 type 参数时，多传递一个参数 cv2.THRESH_OTSU 即可。但是，在使用 Ostu 方法时，必须把阈值设置为 0。

【例 7-12】　使用 Ostu 方法实现图像的阈值分割。

代码如下：

```
import cv2 as cv
image = cv.imread("F:/picture/xin.jpg",0)              # 读取一幅图像
# 使用 threshold 函数实现图像的二值化阈值处理
t1, thd = cv.threshold(image, 150, 255, cv.THRESH_BINARY)
# 使用 threshold 函数实现图像的 Ostu 阈值处理
t2, Ostu = cv.threshold(image, 0, 255, cv.THRESH_BINARY+cv.THRESH_OTSU)
cv.imshow("image",image)                               # 显示原始图像
cv.imshow("thd", thd)                                  # 显示二值化阈值处理图像
cv.imshow("ostu", Ostu)                                # 显示 Ostu 阈值处理图像
print(" 二值化阈值处理的阈值是: %s" % t1)               # 输出阈值
print("Ostu 阈值处理的阈值是: %s" % t2)                 # 输出阈值
cv.waitKey()
cv.destroyAllWindows()
```

运行结果如图 7-14 所示。

在图 7-14 中，图 7-14a 是原始图像；图 7-14b 是二值化阈值处理后的图像，可以看出，图 7-14b 有大量白色的区域，缺失了大量的细节信息；图 7-14c 是采用 Ostu 阈值处理得到的图像，其处理效果相对于图 7-14b 较好；图 7-14d 是两种方法采用的阈值。

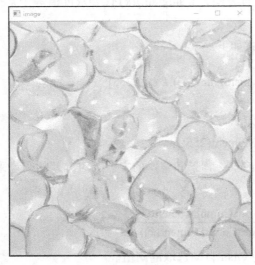 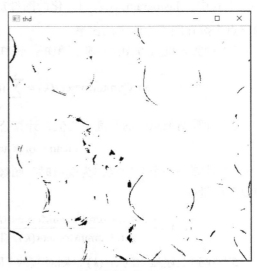

a）原始图像　　　　　　　　　　b）二值化阈值处理

图 7-14　例 7-12 的运行结果

c）Ostu 阈值处理

二值化阈值处理的阈值是：150.0
Ostu阈值处理的阈值是：199.0

d）阈值

图 7-14 （续）

7.5 思考与练习

1. 概念题

（1）简述图像阈值处理的含义。

（2）介绍全局阈值处理与局部阈值处理的区别。

（3）了解 Ostu 阈值处理的优缺点。

2. 操作题

（1）编写程序，分别使用全局阈值和自适应阈值处理提取图 7-4a 的前景。

（2）编写程序，对图 7-15 进行全局阈值和 Ostu 阈值处理并画出它们的直方图和高斯滤波图像。

图 7-15 测试图像

第 8 章

图像形态学处理

第 7 章讨论了如何实现图像的区域分割，但是这种分割往往不是很理想。数学形态学提供了一种互补的方法，可以调整分割区域的形状，从而降低图像内部噪声。数学形态学又称为形态学，主要从图像内提取分量信息，该分量信息通常对于表达和描绘图像的形状具有重要的作用，是在对图像理解时所使用的最本质的形状特征。此外，形态学处理在视觉检测、文字识别、医学图像处理、图像压缩编码等领域都有非常重要的应用。

形态学操作主要包括腐蚀、膨胀、形态学梯度运算、开运算、闭运算、黑帽运算、礼帽运算等，本章主要针对这几种形态学操作进行讨论。

8.1 腐蚀

腐蚀是形态学的基本操作之一，它的作用是将图像的边界点消除，可以使图像沿着边界向内收缩。

8.1.1 原理简介

在图像的腐蚀操作过程中，一般使用一个结构元对一幅图像内的像素进行逐个遍历，然后根据结构元与被腐蚀图像的关系来确定腐蚀的结果。其中，几种常见的结构元如图 8-1 所示，有矩形结构、椭圆形结构、十字交叉形结构和线性结构等。

需要注意的是，腐蚀操作是遍历像素来决定输出值的，每一次判定的点都是与结构元中心点所对应的点。

下面来观察一个腐蚀的流程，如图 8-2 所示。

在图 8-2 中，图 8-2a 是待腐蚀的图像像素点；图 8-2b 是用于腐蚀的结构元；图 8-2c 是结构元遍历图像像素的示意图，图中的阴影部分是全部可能的位置；图 8-2d 是腐蚀的结果示意图。在结构元完全在图像内部时，结构元的中心点为 1，其余为 0，而当结构元不完全在图像内部时，结构元全部为 0。

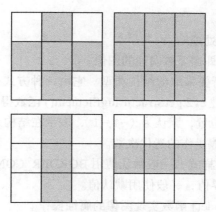

图 8-1 几种常用的结构元

0	0	0	0	0
0	1	1	1	0
0	1	1	1	0
0	1	1	1	0
0	0	0	0	0

a）待腐蚀图像像素点

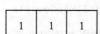

b）结构元

0	0	0	0	0
0	1	1	1	0
0	1	1	1	0
0	1	1	1	0
0	0	0	0	0

c）遍历像素点

0	0	0	0	0
0	0	1	0	0
0	0	1	0	0
0	0	1	0	0
0	0	0	0	0

d）输出结果

图 8-2 腐蚀示意图

8.1.2 Python 实现

OpenCV 中提供了 cv2.erode() 函数来实现图像的腐蚀操作，其一般格式为：

```
dst = cv2. erode (src,k[, anchor[, iterations[, boderType[, boderValue]]]])
```

其中：

- dst 表示返回的腐蚀处理结果。
- src 表示原始图像，即需要被腐蚀的图像。
- k 表示腐蚀操作时所要采取的结构类型。它由两种方式得到，第一种是通过自定义得到，第二种是通过 cv2.getStructuringElement() 函数得到。
- anchor 表示锚点的位置，默认为（-1,-1），表示在结构元的中心。
- iterations 表示腐蚀擦操作的迭代次数。
- boderType 表示边界样式，一般默认使用 BORDER_CONSTANT。
- boderValue 表示边界值，一般使用默认值。

【例 8-1】 使用 cv2.erode() 函数实现图像的腐蚀操作。

代码如下：

```
import cv2 as cv
import numpy as np
image = cv.imread("F:/picture/aaa.jpg")          # 读取一幅图像
cv.imshow("image", image)                         # 显示原始图像
k = np.ones((3, 3), np.uint8)                     # 构建 3×3 的矩形结构元
img = cv.erode(image, k,iterations=3)             # 腐蚀操作，迭代 3 次
cv.imshow("erode", img)                           # 显示腐蚀后的图像
cv.waitKey()
cv.destroyAllWindows()
```

程序运行结果如图 8-3 所示。

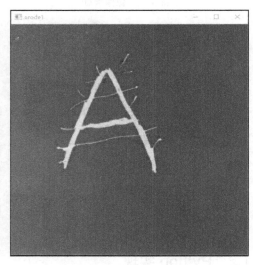

a）原始图像　　　　　　　　　　　b）iterations=1

图 8-3　例 8-1 的运行结果

c）iterations=2　　　　　　　　　　　　d）iterations=3

图 8-3 （续）

在图 8-3 中，图 8-3a 是原始图像；图 8-3b 是迭代 1 次的腐蚀结果；图 8-3c 是迭代 2 次的腐蚀结果；图 8-3d 是迭代 3 次的结果。从图 8-3b、图 8-3c 和图 8-3d 中可以看出，腐蚀程度随迭代次数而加剧，在 iterations=3 时，腐蚀效果最好。

8.2　膨胀

膨胀也是形态学操作中的一种。膨胀操作与腐蚀操作刚好相反，它是由图像的边界点处向外部扩张。

8.2.1　原理简介

与腐蚀操作一样，在图像的膨胀操作过程中也是逐个像素地遍历待膨胀图像，并且根据结构元与待膨胀图像的关系来决定膨胀的效果。例如，图 8-4 显示了膨胀的操作示意图。

在图 8-4 中，图 8-4a 是待膨胀的图像像素点；图 8-4b 是用于膨胀的结构元；图 8-4c 是结构元遍历图像像素的示意图，图中的阴影部分是全部可能的位置；图 8-4d 是膨胀的结果示意图。在结构元不完全在图像内部时，结构元的中心点为 1，其余为 0，而当结构元完全在图像内部时，结构元全部为 0。

0	0	0	0	0
0	0	1	0	0
0	0	1	0	0
0	0	1	0	0
0	0	0	0	0

a）待膨胀图像

b）结构元

0	0	0	0	0
0	0	1	0	0
0	0	1	0	0
0	0	1	0	0
0	0	0	0	0

c）膨胀遍历

0	0	0	0	0
0	1	1	1	0
0	1	1	1	0
0	1	1	1	0
0	0	0	0	0

d）输出结果

图 8-4　膨胀示意图

8.2.2　Python 实现

OpenCV 中提供了 cv2.dilate() 函数来实现图像的膨胀操作，其一般格式为：

```
dst = cv2. dilate (src,k[, anchor[, iterations[, boderType[, boderValue]]]])
```

其中：

- dst 表示返回的膨胀处理结果。
- src 表示原始图像，即需要被膨胀的图像。
- k 表示膨胀操作时所要采取的结构类型。它由两种方式得到，第一种是通过自定义得到，第二种是通过 cv2.getStructuringElement() 函数得到。
- anchor 表示锚点的位置，默认为（−1,−1），表示在结构元的中心。
- iterations 表示膨胀操作的迭代次数。
- boderType 表示边界样式，一般默认使用 BORDER_CONSTANT。
- boderValue 表示边界值，一般使用默认值。

【例 8-2】 使用 cv2. dilate () 函数实现图像的膨胀操作。

代码如下：

```
import cv2 as cv
```

```
import numpy as np
image = cv.imread("F:/picture/shortA.jpg")        # 读取一幅图像
cv.imshow("image", image)                          # 显示原始图像
k = np.ones((3, 3), np.uint8)                       # 构建 3×3 的矩形结构元
img1 = cv.dilate(image, k,iterations=1)            # 膨胀操作，迭代 1 次
img2 = cv.dilate(image, k,iterations=2)            # 膨胀操作，迭代 2 次
img3 = cv.dilate(image, k,iterations=3)            # 膨胀操作，迭代 3 次
cv.imshow("dilate1", img1)                          # 显示膨胀后的图像
cv.imshow("dilate2", img2)                          # 显示膨胀后的图像
cv.imshow("dilate3", img3)                          # 显示膨胀后的图像
cv.waitKey()
cv.destroyAllWindows()
```

程序运行结果如图 8-5 所示。

a）原始图像

b）iterations=1

c）iterations=2

d）iterations=3

图 8-5　例 8-2 的运行结果

在图 8-5 中，图 8-5a 是原始图像；图 8-5b 是迭代 1 次的膨胀结果；图 8-5c 是迭代 2 次的膨胀结果；图 8-5d 是迭代 3 次膨胀的结果。从图 8-5b、图 8-5c 和图 8-5d 中可以看出，膨胀程度随迭代次数而加剧。

8.3　形态学梯度运算

形态学梯度运算是利用图像的膨胀图像减去腐蚀图像的一种形态学操作，这种操作可以获得图像的边缘信息。

8.3.1　原理简介

形态学梯度的定义：

$$G = I \oplus S - I!S$$

上式中，G 为输出的图像，I 为输入原始图像，S 为结构元。梯度运算的过程就是膨胀结果减去腐蚀结果。

8.3.2　Python 实现

在 OpenCV 中提供了 cv2.morphologyEx() 函数实现图像的梯度运算，其一般格式为：

```
dst = cv2. morphologyEx (src,op, k[,anchor[,iterations[,boderType[,boderValue]]]])
```

其中：

- dst 表示返回梯度运算的结果。
- src 表示原始图像。
- op 表示操作类型，当设置为 cv2.MORPH_GRADIENT 时，表示对图像进行梯度运算。
- 参数 k、anchor、iterations、boderType 和 boderValue 与 cv2.dilate() 函数的参数用法一致。

【例 8-3】　使用 cv2. morphologyEx () 函数实现图像的梯度运算。

代码如下：

```
import cv2 as cv
import numpy as np
image = cv.imread("F:/picture/contours.png")          # 读取一幅图像
k1 = np.ones((2,2), np.uint8)                          # 构建一个 2×2 的结构元
k2 = np.ones((5,5), np.uint8)                          # 构建一个 5×5 的结构元
r1 = cv.morphologyEx(image, cv.MORPH_GRADIENT, k1)    # 实现图像的梯度运算
r2 = cv.morphologyEx(image, cv.MORPH_GRADIENT, k2)    # 实现图像的梯度运算
cv.imshow("image", image)                             # 显示原图
cv.imshow("r1",r1)                                    # 显示梯度运算后的结果图
cv.imshow("r2",r2)                                    # 显示梯度运算后的结果图
```

```
cv.waitKey()
cv.destroyAllWindows()
```

程序运行结果如图 8-6 所示。

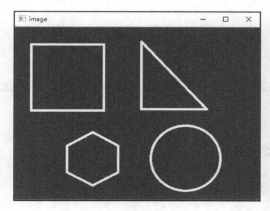

a）原始图像

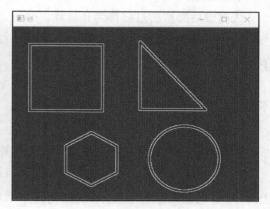

b）k=2*2

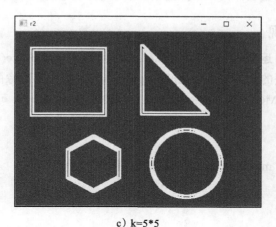

c）k=5*5

图 8-6 例 8-3 的运行结果

在图 8-6 中，图 8-6a 是原始图像；图 8-6b 是结构元 k=2*2 的梯度运算结果；图 8-6c 是结构元 k=5*5 的梯度运算结果。从图 8-6b 和图 8-6c 中可以看出，随着结构元 k 的增大，扫描到的边缘会越来越粗，以至于无法分辨出边缘。

8.4 开运算与闭运算

开运算与闭运算都以腐蚀和膨胀操作为基础。其中，开运算是先将图像腐蚀，再膨胀；闭运算是先将图像膨胀，再腐蚀。

8.4.1 原理简介

开运算和闭运算是以腐蚀和膨胀为基础操作的一种形态学处理方法。

1. 开运算

先腐蚀后膨胀的过程称为开运算，即

$$I \cdot S = (I - S) + S$$

上式中，I 为输入原始图像，S 为结构元。

开运算可以消除亮度较高的细小区域、在纤细点处分离物体，对于较大物体，可以在不明显改变其面积的情况下平滑其边界。

2. 闭运算

闭运算是对图像先膨胀后腐蚀，与开运算的刚好相反，即

$$I \cdot S = (I + S) - S$$

上式中，I 为输入原始图像，S 为结构元。

闭运算可以填充白色物体内细小黑色空洞的区域、连接临近物体等。

8.4.2 Python 实现

虽然开运算与闭运算可以利用 cv2.erode() 函数和 cv2.dilate() 函数来实现，但是，OpenCV 提供了更方便的函数 cv2. morphologyEx() 来直接实现图像的开运算与闭运算。当将 op 参数设置为 cv2.MORPH_OPEN 和 cv2.MORPH_CLOSE 时，可以对图像实现开运算与闭运算的操作。

1. 开运算演示

【例 8-4】 用 cv2. morphologyEx() 函数实现图像的开运算。

代码如下：

```
import cv2 as cv
import numpy as np
image = cv.imread("F:/picture/aaa.jpg")            # 读取一幅图像
k = np.ones((10,10), np.uint8)                     # 构建 10×10 的矩形结构元
openimg = cv.morphologyEx(image, cv.MORPH_OPEN, k) # 设置参数，实现图像的开运算
cv.imshow("image", image)                          # 显示原始图像
cv.imshow("openimg",openimg)                       # 显示开运算图像
cv.waitKey()
cv.destroyAllWindows()
```

程序运行结果如图 8-7 所示。

在图 8-7 中，图 8-7a 为原始图像；图 8-7b 为对图 8-7a 进行开运算的结果。可以看出，图像的毛边被消除了。

a）原始图像　　　　　　　　　　　　　b）开运算图像

图 8-7　例 8-4 的运行结果

【例 8-5】　用 cv2.erode() 函数和 cv2.dilate() 函数来实现图像的开运算。

代码如下：

```
import cv2 as cv
import numpy as np
image = cv.imread("F:/picture/aaa.jpg")     # 读取一幅图像
k = np.ones((10,10), np.uint8)              # 构建 10×10 的结构元
erod_n = cv.erode(image, k)                 # 实现图像的腐蚀操作
dilate_n = cv.dilate(erod_n,k)              # 实现图像的膨胀操作
cv.imshow("image",image)                    # 显示原始图像
cv.imshow("open",dilate_n)                  # 显示经过先腐蚀后膨胀的图像
cv.waitKey()
cv.destroyAllWindows()
```

程序运行结果如图 8-8 所示。

a）原始图像　　　　　　　　　　　　　b）先腐蚀后膨胀图像

图 8-8　例 8-5 的运行结果

在图 8-8 中，图 8-8a 为原始图像；图 8-8b 为对图 8-8a 进行先腐蚀后膨胀的结果。可以看出，先腐蚀后膨胀的结果与开运算的结果基本一样。

2. 闭运算演示

【例 8-6】 用 cv2. morphologyEx() 函数实现图像的闭运算。

代码如下：

```
import cv2 as cv
import numpy as np
image = cv.imread("F:/picture/love.png")          # 读取一幅图像
k = np.ones((10,10), np.uint8)                     # 构建 10×10 的矩形结构元
closeimg = cv.morphologyEx(image, cv.MORPH_CLOSE, k)  # 设置参数，实现图像的闭运算
cv.imshow("image", image)                          # 显示原始图像
cv.imshow("closeimg",closeimg)                     # 显示开运算图像
cv.waitKey()
cv.destroyAllWindows()
```

程序运行结果如图 8-9 所示。

a) 原始图像   b) 闭运算图像

图 8-9　例 8-6 的运行结果

在图 8-9 中，图 8-9a 为原始图像；图 8-9b 为对图 8-9a 进行闭运算的结果。可以看出，前景图像的黑点被消除了。

【例 8-7】 用 cv2.erode() 函数和 cv2.dilate() 函数来实现图像的开运算。

代码如下：

```
import cv2 as cv
import numpy as np
image = cv.imread("F:/picture/love.png")          # 读取一幅图像
```

```
k = np.ones((10,10), np.uint8)          # 构建 10×10 的结构元
dilate_n = cv.dilate(image,k)           # 实现图像的膨胀操作
erod_n = cv.erode(dilate_n, k)          # 实现图像的腐蚀操作
cv.imshow("image",image)                # 显示原始图像
cv.imshow("close",erod_n)               # 显示经过先膨胀后腐蚀的图像
cv.waitKey()
cv.destroyAllWindows()
```

程序运行结果如图 8-10 所示。

a）原始图像   b）先膨胀后腐蚀图像

图 8-10 例 8-7 的运行结果

在图 8-10 中，图 8-10a 为原始图像；图 8-10b 为对图 8-10a 进行先膨胀后腐蚀的结果。可以看出，先膨胀后腐蚀的结果与闭运算的结果基本上一样。

8.5 黑帽与礼帽运算

黑帽与礼帽运算建立在开运算与闭运算的基础上。

8.5.1 原理简介

1. 黑帽运算

黑帽运算是原始图像减去闭运算结果，即

$$B_{hat}(I) = I \cdot S - I$$

它可以获得比原始图像边缘更加黑暗的边缘部分，或者获得图像内部的小孔。

2. 礼帽运算

礼帽运算是原始图像减去开运算结果，即

$$T_{\text{hat}}(I) = I \cdot S - I$$

它可以获得图像的噪声信息或者比原始图像边缘更亮的边缘部分。

8.5.2　Python 实现

在 OpenCV 中提供了比较方便的函数 cv2.morphologyEx() 来直接实现图像的黑帽运算与礼帽运算。当将 op 参数设置为 cv2.MORPH_BLACKHAT 和 cv2.MORPH_TOPHAT 时，可以对图像实现黑帽运算与礼帽运算的操作。

【例 8-8】　用 cv2. morphologyEx() 函数实现图像的黑帽运算。

代码如下：

```
import cv2 as cv
import numpy as np
image = cv.imread("F:/picture/love.png")          # 读取一幅图像
k = np.ones((10,10), np.uint8)                     # 构建 10×10 的矩形结构元
bhimg = cv.morphologyEx(image, cv.MORPH_BLACKHAT, k)  # 设置参数，实现图像的黑帽运算
cv.imshow("image", image)                          # 显示原始图像
cv.imshow("bhimg",bhimg)                           # 显示黑帽运算图像
cv.waitKey()
cv.destroyAllWindows()
```

程序运行结果如图 8-11 所示。

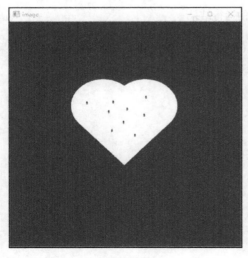

a）原始图像

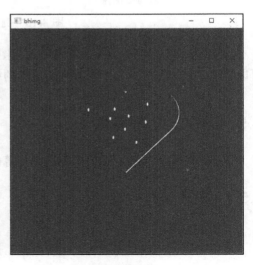

b）黑帽运算图像

图 8-11　例 8-8 的运行结果

在图 8-11 中，图 8-11a 为原始图像；图 8-11b 为对图 8-11a 进行黑帽运算的结果。可以看出，黑帽运算可以将图像内部和边缘中比原始图像暗的部分提取出来。

【例 8-9】　用 cv2. morphologyEx() 函数实现图像的礼帽运算。

代码如下：

```
import cv2 as cv
import numpy as np
image = cv.imread("F:/picture/love.png")              # 读取一幅图像
k = np.ones((10,10), np.uint8)                        # 构建10×10 的矩形结构元
bhimg = cv.morphologyEx(image, cv.MORPH_TOPHAT, k)    # 设置参数，实现图像的礼帽运算
cv.imshow("image", image)                            # 显示原始图像
cv.imshow("bhimg",bhimg)                             # 显示礼帽运算图像
cv.waitKey()
cv.destroyAllWindows()
```

程序运行结果如图 8-12 所示。

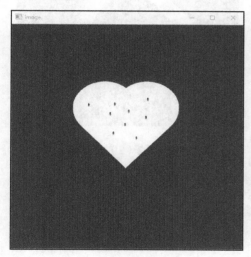

a）原始图像

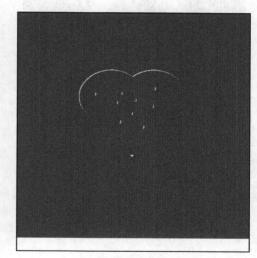

b）礼帽运算图像

图 8-12　例 8-9 的运行结果

在图 8-12 中，图 8-12a 为原始图像；图 8-12b 为对图 8-12a 进行礼帽运算的结果。可以看出，礼帽运算可以将图像内部和边缘中比原始图像亮的部分提取出来。

8.6　思考与练习

1. 概念题

（1）简述图像处理过程中的形态学操作基本概念及数学上的表达。

（2）熟悉形态学操作中的腐蚀、膨胀、梯度运算、开运算与闭运算、黑帽与礼帽运算的基本原理。

（3）介绍形态学操作在图像处理中的应用。

2. 操作题

（1）编写程序，去除图 8-13 中的毛刺噪声。

（2）编写程序，提取图 8-14 的轮廓信息。

（3）编写程序，获取图 8-13 中的噪声信息。

图 8-13　题 2（1）和题 2（3）的测试图像　　　　图 8-14　题 2（2）的测试图像

第 **9** 章

图像分割处理

图像分割是指将图像分成各具特性的区域并提取出感兴趣的目标的技术和过程，它是由图像处理到图像分析的关键步骤，是一种基本的计算机视觉技术。只有在图像分割的基础上才能对目标进行特征提取和参数测量，使更高层的图像分析和理解成为可能。因此对图像分割方法的研究具有十分重要的意义。

在前面的章节中，我们讨论了如何使用诸如阈值处理、图像形态学处理等方法对图像进行预处理。本章介绍使用分水岭算法和图像金字塔对图像进行分割处理。

9.1 分水岭算法的介绍与实现

分水岭算法是一种图像分割方法，在分割图像的过程中，它会把与邻近像素间的相似性作为重要的参考依据，从而将在空间位置上相近和灰度值相近的像素点互相连接起来构成一个封闭的轮廓。分水岭算法将图像形象地比喻为地理学上的地形表面以实现图像分割，事实证明该算法非常有效。

9.1.1 算法原理

下面对分水岭算法的相关内容进行简单的介绍。为了更形象地介绍分水岭算法的基本原理，可以将任何一幅灰度图像看作地理学上的地形表面，灰度值高的区域可以被看成山峰，灰度值低的区域可以被看成山谷。如图 9-1 所示，其中图 9-1a 是原始图像，图 9-1b 是其对应的地形图。

冈萨雷斯在《数字图像处理》一书中将分水岭算法描述为在盆地中打洞，然后让水穿过洞口以均匀的速率上升。具体来说，假设在盆地的最小值点打一个洞，然后往盆地里面注水，并阻止两个盆地的水汇集，我们会在两个盆地的水汇集的时刻，在交接的边缘线（即分水岭线）上建一个坝，来阻止两个盆地的水汇集成一片水域。这样图像就被分成两个像素集，一个是注水盆地像素集，一个是分水岭线像素集。

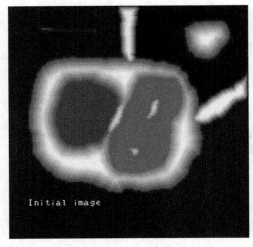 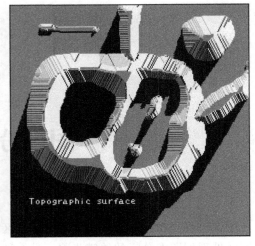

a）原始图像   b）地形图

图 9-1   灰度图及其对应的地形图

在真实图像中，由于噪声点或者其他干扰因素的存在，使用分水岭算法常常存在过度分割的现象，这是由很多很小的局部极值点的存在导致的。为了解决过度分割的问题，可以使用基于标记（mark）图像的分水岭算法，就是通过先验知识来指导分水岭算法，以便获得更好的图像分段效果。通常的 mark 图像都是在某个区域定义了一些灰度层级，在这个区域的洪水淹没过程中，水平面都是从定义的高度开始的，这样可以避免一些很小的噪声极值区域的分割。

9.1.2   OpenCV 中的相关函数

在 OpenCV 中，可以使用 cv2.watershed() 函数实现分水岭算法，在具体的实现过程中，还需要借助于形态学函数、距离变换函数 cv2.distanceTransform() 和图像标注函数 cv2.connectedComponent() 来完成图像的分水岭分割。下面对分水岭算法中用到的函数进行简单说明。

1. 形态学函数

一般情况下，我们会使用形态学处理对分水岭算法所使用的图像进行预处理，去除一些不必要的影响。鉴于之前已经介绍过形态学函数，这里简单回顾一下基本操作。

开运算是先腐蚀后膨胀的操作。对图像进行开运算，能够去除图像内的噪声。因此，在用分水岭算法处理图像前，要先使用开运算去除图像内的噪声，以避免噪声对图像分割可能造成的干扰。另外，可以通过形态学的基础操作获取图像边缘信息。

2. 距离变换函数 distanceTransform

当图像内的各个子图独立出现时，可以直接使用形态学的腐蚀操作确定前景对象，但是如果图像内的子图连接在一起，则需要借助距离变换函数 cv2.distanceTransform() 提取图像的前景。

距离变换函数 cv2.distanceTransform() 计算二值图像内任意点到最近背景点的距离。一般情况下，该函数计算的是图像内非零值像素点到最近的零值像素点的距离。其计算结果反映了各个像素与背景（值为 0 的像素点）的距离关系。如果对上述计算结果进行阈值化处理，就可以得到图像内子图的一些形状信息。

距离变换函数 cv2.distanceTransform() 的一般格式为：

```
dst = cv2. distanceTransform (src,distanceType,maskSize[, dstType])
```

其中：

- dst 表示计算得到目标函数图像。
- src 表示原始图像，必须是 8 通道的二值图像。
- distanceType 表示距离类型。
- maskSize 表示掩模的尺寸大小。
- dstType 表示目标函数的类型，默认为 CV_F。

【例 9-1】　使用距离变换函数 cv2.distanceTransform() 确定一幅图像的前景图像。

代码如下：

```python
import numpy as np
import cv2 as cv
imageGray = cv.imread("F:/picture/coin.jpg",0)    # 读取一幅灰度图像
# 对灰度图进行 OTSU 阈值处理
ret, thresh = cv.threshold(imageGray,0,255,cv.THRESH_BINARY_INV+cv.THRESH_OTSU)
kernel = np.ones((3,3), np.uint8)                 # 设定开运算的卷积核
# 对二值图像进行开运算
imageOpen = cv.morphologyEx(thresh,cv.MORPH_OPEN,kernel,iterations=2)
distTransform = cv.distanceTransform(imageOpen,cv.DIST_L2,5)    # 计算欧氏距离
# 对距离图像进行阈值处理
ret, fore = cv.threshold(distTransform, 0.4*distTransform.max(),255,0)
cv.imshow("imageGray",imageGray)              # 显示原始灰度图
cv.imshow("imageOpen",imageOpen)              # 显示开运算图像
cv.imshow("distTransfom",distTransform)       # 显示距离图像
cv.imshow("fore",fore)    # 显示距离图像阈值处理结果
cv.waitKey()
cv.destroyAllWindows()
```

程序运行结果如图 9-2 所示。

在图 9-2 中，图 9-2a 是原始的灰度图像；图 9-2b 是经过开运算处理的图像，其处理图 9-2a 的大部分内部噪声；图 9-2c 是距离变换函数 cv2.distanceTransform() 计算得到的图像；图 9-2d 是对距离图像经过阈值处理后的图像。可以看出，图 9-2d 可以较为准确地确定

图 9-2a 的前景图像。

a）原始图像

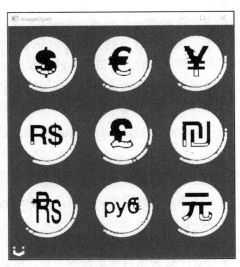

b）开运算处理结果

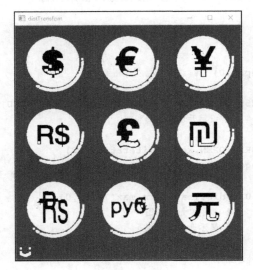

c）距离图像

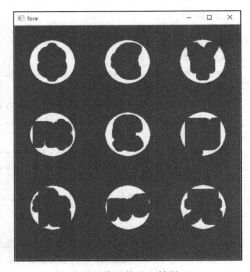

d）距离图像阈值处理结果

图 9-2　例 9-1 的运行结果

3. 未知区域的确定

在第 8 章中，我们知道图像的开运算是先膨胀后腐蚀的运算，所以得到的背景信息小于实际的背景信息，而距离变换函数 cv2.distanceTransform() 只是得到了图像的"中心信息"，即确定前景。对于一幅图像来说，除去这两种区域之外所剩的就是未知区域。下面来看一个实例。

【例 9-2】 寻找一幅图像的未知区域。

代码如下：

```python
import numpy as np
import cv2 as cv
imageGray = cv.imread("F:/picture/coin.jpg",0)   # 读取一幅灰度图像
# 对灰度图进行 Otsu 阈值处理
ret, thresh = cv.threshold(imageGray,0,255,cv.THRESH_BINARY_INV+cv.THRESH_OTSU)
kernel = np.ones((3,3), np.uint8)     # 设定开运算的卷积核
# 对二值图像进行开运算
imageOpen = cv.morphologyEx(thresh,cv.MORPH_OPEN,kernel,iterations=2)
# 对开运算后的图像进行膨胀操作，得到确定背景
bg = cv.dilate(imageOpen,kernel,iterations=3)
distTransform = cv.distanceTransform(imageOpen,cv.DIST_L2,5)   # 计算欧氏距离
# 对距离图像进行阈值处理
ret, fore = cv.threshold(distTransform, 0.4*distTransform.max(),255,0)
fore = np.uint8(fore)                          # 调整对距离图像阈值处理的结果
un = cv.subtract(bg,fore)                      # 确定未知区域
cv.imshow("imageGray",imageGray)               # 显示原始灰度图
cv.imshow("bg",bg)                             # 显示确定背景图像
cv.imshow("distTransfom",distTransform)        # 显示距离图像
cv.imshow("un",un)                             # 显示未知区域
cv.waitKey()
cv.destroyAllWindows()
```

程序运行结果如图 9-3 所示。

a）原始图像

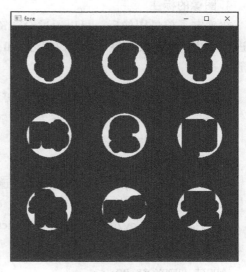

b）确定前景图像

图 9-3　例 9-2 的运行结果

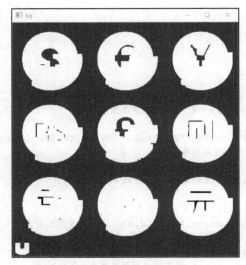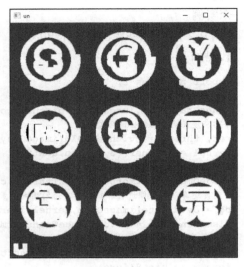

c）确定背景图像　　　　　　　　　　　d）未知区域

图 9-3　（续）

在图 9-3 中，图 9-3a 是原始的灰度图像；图 9-3b 是距离变换函数 cv2.distanceTransform() 计算得到的确定前景图像；图 9-3c 是对原始图像经过膨胀操作得到的图像，其背景图像是确定背景，其前景图像是原始图像减去确定背景的图像；图 9-3d 是未知区域的图像。可以看出，图 9-3d 可以由图 9-3c 减去图 9-3b 得到。

4. 图像的标注

在确定了前景图像后，可以通过 OpenCV 提供的 cv2.connectedComponents() 函数对图像进行标注。该函数会将背景图像标记为 0，将其他的图像使用从 1 开始的整数来标记。其一般格式为：

```
ret,labels = cv2. connectedComponents (image)
```

其中：

- ret 表示标注的数量。
- labels 表示标注的结果图像。
- image 表示原始图像，必须是 8 通道的图像。

下面看一个标注的实例。

【例 9-3】 使用 cv2.connectedComponents() 标注一幅图像。

代码如下：

```
import numpy as np
import cv2 as cv
import matplotlib.pyplot as plt
imageGray = cv.imread("F:/picture/coin.jpg",0)   # 读取一幅灰度图像
```

```
# 对灰度图进行 Otsu 阈值处理
ret, thresh = cv.threshold(imageGray,0,255,cv.THRESH_BINARY_INV+cv.THRESH_OTSU)
kernel = np.ones((3,3), np.uint8)     # 设定开运算的卷积核
# 对二值图像进行开运算
imageOpen = cv.morphologyEx(thresh,cv.MORPH_OPEN,kernel,iterations=2)
# 对开运算后的图像进行膨胀操作，得到确定背景
bg = cv.dilate(imageOpen,kernel,iterations=3)
distTransform = cv.distanceTransform(imageOpen,cv.DIST_L2,5)     # 计算欧氏距离
# 对距离图像进行阈值处理
ret, fore = cv.threshold(distTransform, 0.4*distTransform.max(),255,0)
fore = np.uint8(fore)# 调整对距离图像阈值处理的结果
ret, labels = cv.connectedComponents(fore) # 对阈值处理结果进行标注
print(ret)                 # 输出标记的数量
plt.subplot(121)
plt.imshow(fore)           # 显示前景图像
plt.axis('off')            # 关闭坐标轴的显示
plt.subplot(122)
plt.imshow(labels)         # 显示标注结果
plt.axis('off')
plt.show()
```

程序运行结果如图 9-4 所示。

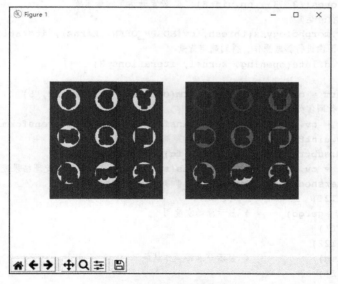

图 9-4   例 9-3 的运行结果

在图 9-4 中，左边的图像是确定的前景图像，右边的图像是对其进行标注的图像，共标注了 23 个结果。

5. 分水岭分割

在经过上述操作后，可以利用 OpenCV 提供的 cv2.watershed() 函数实现图像的分水岭

操作。其一般格式为：

```
img= cv2. watershed (image,markers)
```

其中：

- img 表示分水岭操作的结果。
- image 表示输入的 8 位三通道图像。
- markers 表示 32 位单通道标注结果。

下面来看一个分水岭分割图像的实例演示。

【例 9-4】 使用 cv2.watershed() 函数对一幅图像进行分水岭演示。

代码如下：

```
import cv2 as cv
import numpy as np
import  matplotlib.pyplot as plt
image = cv.imread("F:/picture/coin.jpg")          # 读取一幅图像
gray = cv.cvtColor(image, cv.COLOR_BGR2GRAY)       # 将图像转为灰度图
imagergb =cv.cvtColor(image, cv.COLOR_BGR2RGB)     # 将图像转为 RGB 图像
# 对灰度图进行 Otsu 阈值处理
ret, thresh = cv.threshold(gray, 0, 255, cv.THRESH_BINARY_INV + cv.THRESH_OTSU)
kernel = np.ones((3, 3), np.uint8)  # 设定开运算的卷积核
# 对二值图像进行开运算
opening = cv.morphologyEx(thresh, cv.MORPH_OPEN, kernel, iterations=2)
# 对开运算后的图像进行膨胀操作，得到确定背景
sure_bg = cv.dilate(opening, kernel, iterations=3)
# 计算欧氏距离
dist_transform = cv.distanceTransform(opening, cv.DIST_L2, 5)
# 对距离图像进行阈值处理
ret, sure_fg = cv.threshold(dist_transform, 0.005*dist_transform.max(), 255, 0)
sure_fg = np.uint8(sure_fg)  # 调整对距离图像阈值处理的结果
unknown = cv.subtract(sure_bg, sure_fg)  # 确定未知区域
ret, markers = cv.connectedComponents(sure_fg)  # 对阈值处理结果进行标注
img = cv.watershed(image, markers)  # 对图像进行分水岭操作
plt.subplot(121)
plt.imshow(imagergb)          # 显示原始灰度图
plt.axis('off')
plt.subplot(122)
plt.imshow(img)               # 显示分水岭操作结果
plt.axis('off')
plt.show()
cv.waitKey()
cv.destroyAllWindows()
```

程序运行结果如图 9-5 所示。

在图 9-5 中，左面的图像是原始的灰度图，右边的图像是对其进行分水岭操作后的图像。

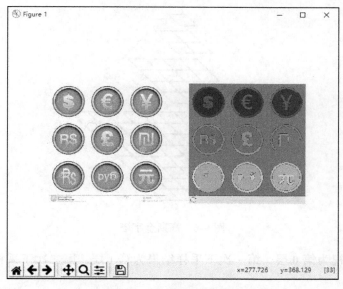

图 9-5　例 9-4 的运行结果

9.2　图像的金字塔分割

图像金字塔是一种以多分辨率来解释图像的有效但概念简单的结构,常用于图像分割、机器视觉和图像压缩等图像处理中。一幅图像的金字塔是一系列以金字塔形状排列的分辨率逐步降低且来源于同一张原始图的图像集合。其通过梯次向下采样获得,直到达到某个终止条件才停止采样。金字塔的底部是待处理图像的高分辨率表示,而顶部是低分辨率的近似。我们将一层一层的图像比喻成金字塔,层级越高,图像越小,分辨率越低。通常情况下,向上移动一级,图像的宽和高都降低为原来的二分之一。

常见的图像金字塔有高斯金字塔和拉普拉斯金字塔两种。其中,高斯金字塔一般是下采样图像,而拉普拉斯金字塔一般用来从金字塔底层重建上一层的未采样图像。

9.2.1　图像金字塔简介

图像金字塔是同一图像不同分辨率的子图集合,是通过对原图像不断地向下采样而产生的,即由高分辨率的图像(大尺寸)产生低分辨率的近似图像(小尺寸)。

1. 高斯金字塔

高斯金字塔通过不断地进行下采样和滤波产生,且每次下采样图像的宽和高都会减小为原来的一半。原始图像与各级下采样所得到的图像共同构成了高斯金字塔,如图 9-6 所示。

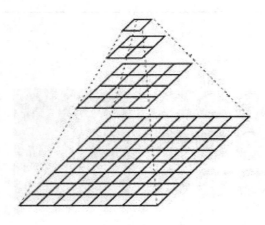

图 9-6　高斯金字塔

将原始图像视为第 0 层，第一次下采样结果为第 1 层，第二次下采样结果为第 2 层，以此类推。

上采样与下采样相反，是将图像的宽与高扩大 2 倍。因此，图像需要补充大量的像素点，这时就会用到各种插值方法，比如最近邻插值。紧接着就是使用下采样时所用的高斯滤波器（高斯核）对补零后的图像进行滤波处理，以获取向上采样的结果图像。

通过以上分析可知，向上采样和向下采样是相反的两种操作。但是，由于向下采样会丢失像素值，所以这两种操作并不是可逆的。也就是说，一幅图像无论是先向上采样、再向下采样，还是先向下采样、再向上采样都无法恢复到原始状态。

2. 拉普拉斯金字塔

由前面的介绍可知高斯金字塔在进行上采样或者下采样时无法恢复到原始状态，这样会不可避免地丢失一些信息。为了在上采样时恢复为具有较高分辨率的原始图像，需要获取这些丢失的信息，因此便有了拉普拉斯金字塔。

9.2.2　OpenCV 中的相关函数

在 OpenCV 中，要实现图像金字塔的操作，需要借助 cv2.pyrDown() 函数和 cv2.pyrUp() 函数。

1. cv2.pyrDown 函数及使用

OpenCV 提供了 cv2.pyrDown() 函数，用于实现图像高斯金字塔操作中的向下采样，其一般形式为：

```
dst= cv2. pyrDown (src[, dstsize[, borderType]])
```

其中：

● dst 表示目标图像。

- src 表示输入的原始图像。
- dstsize 表示目标图像的大小。
- borderType 表示边界类型，默认值为 BORDER_DEFAULT。

【例 9-5】　使用 cv2.pyrDown() 函数实现一幅图像的下采样。

代码如下：

```
import cv2 as cv
image = cv.imread("F:/picture/lena.png",0)     # 读取一幅灰度图像
img1 = cv.pyrDown(image)                        # 第一次下采样
img2 = cv.pyrDown(img1)                         # 第二次下采样
img3 = cv.pyrDown(img2)                         # 第三次下采样
cv.imshow("image",image)                        # 显示原始图像
cv.imshow("img1",img1)                          # 显示第一次下采样图像
cv.imshow("img2",img2)                          # 显示第二次下采样图像
cv.imshow("img3",img3)                          # 显示第三次下采样图像
print("image.shape",image.shape)               # 显示原始图像的大小
print("img1.shape",img1.shape)                  # 显示第一次采样后图像的大小
print("img2.shape",img2.shape)                  # 显示第二次采样后图像的大小
print("img3.shape",img3.shape)                  # 显示第三次采样后图像的大小
cv.waitKey()
cv.destroyAllWindows()
```

程序运行结果如图 9-7 所示。

a）原始图像

b）第一次下采样

c）第二次下采样

d）第三次下采样

```
image.shape (512, 512)
img1.shape (256, 256)
img2.shape (128, 128)
img3.shape (64, 64)
```

e）图像信息

图 9-7　例 9-5 的运行结果

在图 9-7 中，图 9-7a 是原始图像；图 9-7b 是第一次下采样的图像；图 9-7c 是第二次下采样的图像；图 9-7d 是第三次下采样的图像；图 9-7e 是四幅图像的大小信息。可以看出，

图像下采样时，其行数与列数各自减半。

2. cv2.pyrUp() 函数及使用

OpenCV 提供了函数 cv2. pyrUp ()，用于实现图像高斯金字塔操作中的向上采样，其一般形式为：

```
dst= cv2. pyrUp (src[, dstsize[, borderType]])
```

其中：

- dst 表示目标图像。
- src 表示输入的原始图像。
- dstsize 表示目标图像的大小。
- borderType 表示边界类型，默认值为 BORDER_DEFAULT。

【例 9-6】 使用 cv2. pyrUp () 函数实现一幅图像的上采样。

代码如下：

```
import cv2 as cv
image = cv.imread("F:/picture/lena3s.png",0)    # 读取一幅灰度图像
img1 = cv.pyrUp(image)                           # 第一次上采样
img2 = cv.pyrUp(img1)                            # 第二次上采样
img3 = cv.pyrUp(img2)                            # 第三次上采样
cv.imshow("image",image)                         # 显示原始图像
cv.imshow("img1",img1)                           # 显示第一次上采样图像
cv.imshow("img2",img2)                           # 显示第二次上采样图像
cv.imshow("img3",img3)                           # 显示第三次上采样图像
print("image.shape",image.shape)                 # 显示原始图像的大小
print("img1.shape",img1.shape)                   # 显示第一次采样后图像的大小
print("img2.shape",img2.shape)                   # 显示第二次采样后图像的大小
print("img3.shape",img3.shape)                   # 显示第三次采样后图像的大小
cv.waitKey()
cv.destroyAllWindows()
```

程序运行结果如图 9-8 所示。

a）原始图像　　　b）第一次上采样　　　c）第二次上采样　　　d）第三次上采样

图 9-8　例 9-6 的运行结果

```
image.shape (64, 64)
img1.shape (128, 128)
img2.shape (256, 256)
img3.shape (512, 512)
```

e）图像信息

图 9-8 （续）

在图 9-8 中，图 9-8a 是原始图像；图 9-8b 是第一次上采样的图像；图 9-8c 是第二次上采样的图像；图 9-8 是第三次上采样的图像；图 9-8e 是四幅图像的大小信息。可以看出，图像上采样时，其行数与列数各加倍，但是，恢复后的图像丢失很多信息。

3. cv2.pyrDown() 函数和 cv2.pyrUp() 函数实现拉普拉斯金字塔

拉普拉斯金字塔的某一层图像是该层高斯金字塔图像与上一层高斯金字塔图像之差。

【例 9-7】 使用 cv2.pyrDown() 函数和 cv2.pyrUp() 函数实现拉普拉斯金字塔。

代码如下：

```
import cv2 as cv
image = cv.imread("F:/picture/lena.png",0)      # 读取一幅灰度图像
img0 = image
img1 = cv.pyrDown(img0)                          # 第一次下采样
img2 = cv.pyrDown(img1)                          # 第二次下采样
img3 = cv.pyrDown(img2)                          # 第三次下采样
I0 = img0 - cv.pyrUp(img1)                       # 第 0 层拉普拉斯金字塔
I1 = img1 - cv.pyrUp(img2)                       # 第 1 层拉普拉斯金字塔
I2 = img2 - cv.pyrUp(img3)                       # 第 2 层拉普拉斯金字塔
cv.imshow("I0",I0)                               # 显示第 0 层拉普拉斯金字塔图像
cv.imshow("I1",I1)                               # 显示第 1 层拉普拉斯金字塔图像
cv.imshow("I2",I2)                               # 显示第 2 层拉普拉斯金字塔图像
cv.waitKey()
cv.destroyAllWindows()
```

程序运行结果如图 9-9 所示。

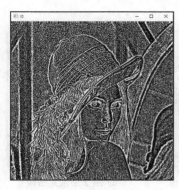
a）第 0 层

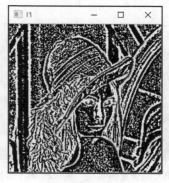
b）第 1 层

c）第 2 层

图 9-9　例 9-7 的运行结果

在图 9-9 中，图 9-9a 是第 0 层拉普拉斯金字塔图像；图 9-9b 是第 1 层拉普拉斯金字塔图像；图 9-9c 是第 2 层拉普拉斯金字塔图像。

9.2.3 用金字塔算法实现图像分割

在经过上述的讨论后，可以通过高斯金字塔和拉普拉斯金字塔实现对图像的分割以及复原。下面来看一个实例。

【例 9-8】 使用高斯金字塔和拉普拉斯金字塔实现对图像的分割与复原。

代码如下：

```python
import cv2 as cv
image = cv.imread("F:/picture/lena.png")
img0 = image
# 高斯金字塔下采样
img1 = cv.pyrDown(img0)          # 第一次下采样
img2 = cv.pyrDown(img1)          # 第二次下采样
img3 = cv.pyrDown(img2)          # 第三次下采样
# 拉普拉斯金字塔
I0 = img0 - cv.pyrUp(img1)       # 第 0 层拉普拉斯金字塔
I1 = img1 - cv.pyrUp(img2)       # 第 1 层拉普拉斯金字塔
I2 = img2 - cv.pyrUp(img3)       # 第 2 层拉普拉斯金字塔
# 恢复高精度图像
M0 = I0 + cv.pyrUp(img1)
M1 = I1 + cv.pyrUp(img2)
M2 = I2 + cv.pyrUp(img3)
# 输出图像
cv.imshow("image",image)
cv.imshow("M0", M0)
cv.imshow("M1", M1)
cv.imshow("M2", M2)
cv.waitKey()
cv.destroyAllWindows()
```

程序输出结果如图 9-10 所示。

a）原始图像　　b）第 0 层恢复图像　　c）第 1 层恢复图像　　d）第 2 层恢复图像

图 9-10 例 9-8 的运行结果

在图 9-10 中，图 9-10a 是原始图像；图 9-10b 是第 0 层恢复后的图像；图 9-10c 是第 1 层恢复后的图像；图 9-10d 是第 2 层恢复后的图像。可以看出，第 2 层即最后一层恢复图像与原始图像基本一致。

9.3 思考与练习

1. 概念题

（1）什么是图像分割技术？图像分割的作用是什么？

（2）简要介绍分水岭算法的基本流程。

（3）图像金字塔是怎么建立的？基本流程是什么？

（4）什么是上采样？什么是下采样？

2. 操作题

（1）使用分水岭算法对图 9-11 进行前景与背景的分割。

（2）使用图像金字塔的原理对图 9-10a 进行分割与提取。

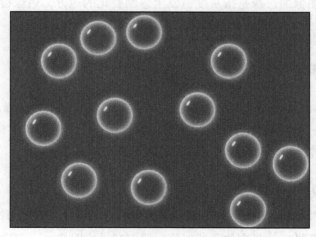

图 9-11 题 2（1）的测试图像

CHAPTER 10

第 10 章

图像梯度及边缘检测

图像梯度是一种描述图像像素之间差异的方法，可以作为图像的一种特征表征图像。一般情况下，图像梯度计算的是图像的边缘信息，它能够反映图像像素变化的速度，如灰度值变化较大的地方，梯度值也比较大；灰度值变化较小的地方，相应的梯度值也较小。从数学角度而言，图像梯度就是指像素的一阶导数，在图像处理中可以通过计算像素值的差来近似导数值。图像的边缘是指灰度值发生急剧变化的地方，边缘检测目的就是在不破坏图像信息的条件下，减少图像的数据量，绘制出其边缘线图。

10.1 Sobel 算子

Sobel 算子是一种离散型的差分算子，用来运算图像灰度函数的梯度的近似值。Sobel 算子是典型的基于一阶导数的边缘检测算子，由于该算子中引入了类似局部平均的运算，因此对噪声具有平滑作用，能很好地消除噪声的影响。

10.1.1 原理简介

Sobel 算子包含两组 3×3 的矩阵，分别为横向及纵向模板，将之与图像进行平面卷积，即可分别得出横向及纵向的灰度差分近似值。假定有原始图像 src，下面对 Sobel 算子的计算进行讨论。

1. 计算水平方向偏导数的近似值

计算水平方向上的偏导数近似值时，可以将 Sobel 算子与原始图像 src 进行卷积操作，得到水平方向上像素值的变化情况。Sobel 算子水平方向上的模板是：

$$G_x = \begin{bmatrix} -1 & 0 & 1 \\ -2 & 0 & 2 \\ -1 & 0 & 1 \end{bmatrix} \times \text{src}$$

其中，G_x 是水平方向上的偏导数。通过该卷积操作可以得到水平方向上的偏导数。

2. 计算垂直方向偏导数的近似值

计算垂直方向上的偏导数近似值与水平方向上类似，可以将 Sobel 算子与原始图像 src 进行卷积操作，得到垂直方向上像素值的变化情况。Sobel 算子垂直方向上的模板是：

$$G_y = \begin{bmatrix} -1 & -2 & -1 \\ 0 & 0 & 0 \\ 1 & 2 & 1 \end{bmatrix} \times \text{src}$$

其中，G_x 是垂直方向上的偏导数。通过该卷积操作可以得到垂直方向上的偏导数。

10.1.2　Python 实现

在 OpemCv 中提供了 cv2.Sobel() 函数来实现 Sobel 算子的运算，其一般形式为：

dst = cv2. Sobel (src,ddepth,dx,dy[, ksize[, scale[, delta[, borderType]]]])

其中：

- dst 表示计算得到目标函数图像。
- src 表示原始图像。
- ddepth 表示输出图像的深度。
- dx 表示 x 方向上求导的阶数。
- dy 表示 y 方向上求导的阶数。
- ksize 表示 Sobel 核的大小。
- scale 表示计算导数时的缩放因子，默认值是 1。
- delta 表示在目标函数上所附加的值，默认为 0。
- borderType 表示边界样式。

下面通过一个实例具体介绍一些重要参数的含义和 Sobel 算子的效果演示。

【例 10-1】　使用不同参数设置下的 Sobel 算子，观察图像效果。

代码如下：

```
import cv2 as cv
image = cv.imread("F:/picture/contours.png",0)   # 读取一幅灰度图
# 设置参数 dx=1,dy=0，得到图像水平方向上的边缘信息
Sobelx = cv.Sobel(image, cv.CV_64F, 1, 0)
# 对计算结果取绝对值
Sobelx = cv.convertScaleAbs(Sobelx)
# 设置参数 dx=0,dy=1，得到图像垂直方向上的边缘信息
Sobely = cv.Sobel(image, cv.CV_64F, 0, 1)
# 对计算结果取绝对值
Sobely = cv.convertScaleAbs(Sobely)
```

```
# 设置参数 dx=1,dy=1，得到图像水平和垂直方向上的边缘信息
Sobelxy = cv.Sobel(image, cv.CV_64F,1,1)
# 对计算结果取绝对值
Sobelxy = cv.convertScaleAbs(Sobelxy)
# 利用加权函数 addWeighted 对 Sobel 算子水平和垂直方向上进行加权计算
Sobelxy_my = cv.addWeighted(Sobelx, 0.5, Sobely, 0.3, 0)
# 显示图像
cv.imshow("image", image)              # 显示原始图像
cv.imshow("Sobelx", Sobelx)            # 显示水平方向上的边缘图像
cv.imshow("Sobely", Sobely)            # 显示垂直方向上的边缘图像
cv.imshow("Sobelxy", Sobelxy)          # 显示水平和垂直方向的边缘图像
cv.imshow("Sobelxy_my", Sobelxy_my)    # 显示水平和垂直加权的图像
cv.waitKey()
cv.destroyAllWindows()
```

程序运行结果如图 10-1 所示。

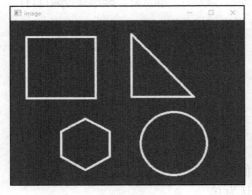
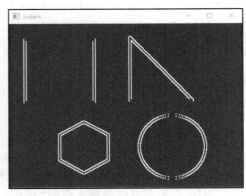

a）原始图像　　　　　　　　　　b）水平方向边缘信息

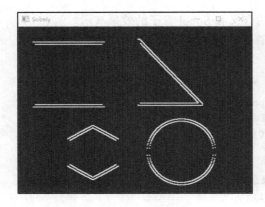
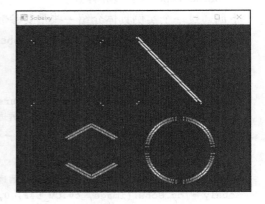

c）垂直方向上边缘信息　　　　　d）水平与垂直方向上边缘信息

图 10-1　例 10-1 的运行结果

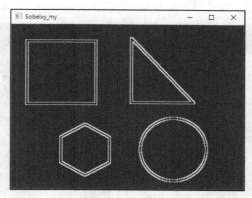

e）加权后的完整边缘信息

图 10-1 （续）

在图 10-1 中，图 10-1a 是原始图像；图 10-1b 是检测到的水平边缘信息；图 10-1c 是检测到的垂直边缘信息；图 10-1d 是直接在 cv2.Sobel() 函数中设置参数得到的水平与垂直边缘的信息；图 10-1e 是经过加权操作的完整边缘信息。

【例 10-2 】 使用 Sobel 算子实现对一幅图像的边缘检测，观察效果。

代码如下：

```
import cv2 as cv
image = cv.imread("F:/picture/lena.png",0)  # 读取一幅灰度图
# 设置参数 dx=1,dy=0，得到图像水平方向上的边缘信息
Sobelx = cv.Sobel(image, cv.CV_64F, 1, 0)
# 对计算结果取绝对值
Sobelx = cv.convertScaleAbs(Sobelx)
# 设置参数 dx=0,dy=1，得到图像垂直方向上的边缘信息
Sobely = cv.Sobel(image, cv.CV_64F, 0, 1)
# 对计算结果取绝对值
Sobely = cv.convertScaleAbs(Sobely)
# 加权实现检测完整边缘信息
Sobelxy = cv.addWeighted(Sobelx,0.5,Sobely,0.5,0)
# 显示图像
cv.imshow("image",image)
cv.imshow("Sobelxy",Sobelxy)
cv.waitKey()
cv.destroyAllWindows()
```

程序运行结果如图 10-2 所示。

在图 10-2 中，图 10-2a 是原始图像；图 10-2b 是经过 Sobel 算子进行边缘检测的结果图像。

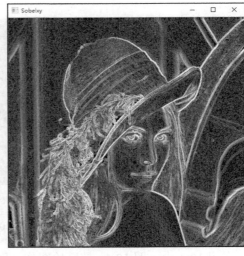

a）原始图像　　　　　　　　　b）Sobel 边缘检测

图 10-2　例 10-2 的运行结果

10.2　Scharr 算子

Scharr 算子可被视为 Sobel 算子的改进，具有与 Sobel 算子相同的计算速度，但是其精度更高。

10.2.1　原理简介

标准的 Scharr 边缘检测算子与 3 阶的 Sobel 边缘检测算子类似，由以下两个卷积核

$$\text{scharr}_x = \begin{pmatrix} 3 & 0 & -3 \\ 10 & 0 & -10 \\ 3 & 0 & -3 \end{pmatrix}, \quad \text{scharr}_y = \begin{pmatrix} 3 & 10 & 3 \\ 0 & 0 & 0 \\ -3 & -10 & -3 \end{pmatrix}$$

组成。不同的是，这两个卷积核都是不可分离的。图像与水平方向上的 scharr_x 卷积结果反映的是垂直方向上的边缘强度，图像与垂直方向上的 scharr_y 卷积结果反映的是水平方向上的边缘强度。

10.2.2　Python 实现

在 OpemCv 中提供了函数 cv2.Scharr() 来实现 Scharr 算子的运算，其一般形式为：

```
dst = cv2. Scharr (src,ddepth,dx,dy[, scale[, delta[, borderType]]])
```

其中:

- dst 表示计算得到目标函数图像。
- src 表示原始图像。
- ddepth 表示输出图像的深度。
- dx 表示 x 方向上求导的阶数。
- dy 表示 y 方向上求导的阶数。
- scale 表示计算导数时的缩放因子,默认值是 1。
- delta 表示在目标函数上所附加的值,默认为 0。
- borderType 表示边界样式。

下面通过一个实例具体介绍一些重要参数的含义和 Scharr 算子的效果演示。

【例 10-3】 使用不同参数设置下的 Scharr 算子,观察图像效果。

代码如下:

```python
import cv2 as cv
image = cv.imread("F:/picture/contours.png",0)   # 读取一幅灰度图
# 设置参数 dx=1,dy=0, 得到图像水平方向上的边缘信息
Scharrx = cv.Scharr(image, cv.CV_64F, 1, 0)
# 对计算结果取绝对值
Scharrx = cv.convertScaleAbs(Scharrx)
# 设置参数 dx=0,dy=1, 得到图像垂直方向上的边缘信息
Scharry = cv.Scharr(image, cv.CV_64F, 0, 1)
# 对计算结果取绝对值
Scharry = cv.convertScaleAbs(Scharry)
# 通过设置 cv2.Sobel 函数的参数 ksize=-1 来计算图像水平和垂直方向上的边缘信息
Scharr_Sobel_x = cv.Sobel(image, cv.CV_64F, 1, 0,-1)
Scharr_Sobel_x = cv.convertScaleAbs(Scharr_Sobel_x)
Scharry_Sobel_y = cv.Sobel(image, cv.CV_64F, 0, 1,-1)
Scharr_Sobel_y = cv.convertScaleAbs(Scharry_Sobel_y)
# 利用加权函数 addWeighted 水平和垂直方向上加权计算
Scharrxy_my = cv.addWeighted(Scharr_Sobel_x, 0.5, Scharr_Sobel_y, 0.3, 0)
# 显示图像
cv.imshow("image", image)           # 显示原始图像
cv.imshow("Scharrx", Scharrx)        # 显示水平方向上的边缘图像
cv.imshow("Scharry", Scharry)        # 显示垂直方向上的边缘图像
cv.imshow("Scharrxy_my", Scharrxy_my)  # 显示水平和垂直加权的图像
cv.waitKey()
cv.destroyAllWindows()
```

程序运行结果如图 10-3 所示。

在图 10-3 中,图 10-3a 是原始图像;图 10-3b 是检测到的水平边缘信息;图 10-3c 是检测到的垂直边缘信息;图 10-3d 是经过加权操作的完整边缘信息。

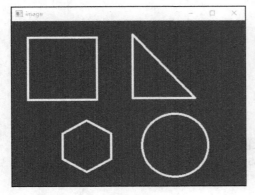

a）原始图像

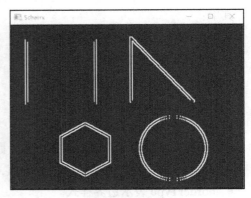

b）水平方向上边缘信息

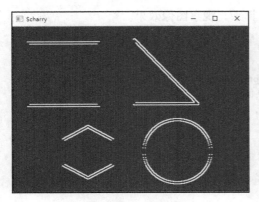

c）垂直方向上边缘信息

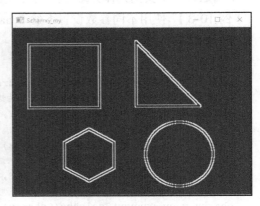

d）加权后完整的边缘信息

图 10-3　例 10-3 的运行结果

【例 10-4】　使用 Scharr 算子实现对一幅图像的边缘检测，观察效果。

代码如下：

```
import cv2 as cv
image = cv.imread("F:/picture/lena.png",0)  # 读取一幅灰度图
# 设置参数 dx=1,dy=0，得到图像水平方向上的边缘信息
Scharrx = cv.Scharr(image, cv.CV_64F, 1, 0)
# 对计算结果取绝对值
Scharrx = cv.convertScaleAbs(Scharrx)
# 设置参数 dx=0,dy=1，得到图像垂直方向上的边缘信息
Scharry = cv.Scharr(image, cv.CV_64F, 0, 1)
# 对计算结果取绝对值
Scharry = cv.convertScaleAbs(Scharry)
# 加权实现检测完整边缘信息
Scharrxy = cv.addWeighted(Scharrx,0.5,Scharry,0.5,0)
# 显示图像
cv.imshow("image",image)
```

```
cv.imshow("Scharrxy",Scharrxy)
cv.waitKey()
cv.destroyAllWindows()
```

程序运行结果如图 10-4 所示。

a）原始图像

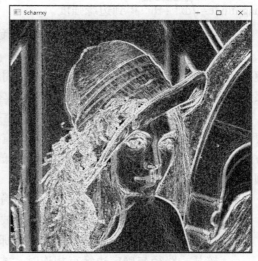
b）Scharr 边缘检测

图 10-4　例 10-4 的运行结果

在图 10-4 中，图 10-4a 是原始图像；图 10-4b 是经过 Scharr 算子进行边缘检测的结果图像。

10.3　Canny 边缘检测

Canny 边缘检测是一种十分流行的边缘检测算法，它使用了一种多级边缘检测算法，可以更好地检测出图像的边缘信息。

10.3.1　原理简介

Canny 边缘检测近似算法的步骤如下。

1）去噪。过滤图像的噪声，可以提升边缘检测的准确性。

2）计算梯度的幅度与方向。

3）非极大值抑制。

4）确定边缘信息。

下面针对 Canny 边缘检测的步骤进行详细说明。

1）应用高斯滤波去除图像的噪声。噪声对图像的边缘信息影响比较大，所以一般需要对图像的非边缘区域的噪声进行平滑处理。

2）采用 Sobel 算子计算图像边缘的幅度。图像矩阵 I 分别与水平方向上的卷积核 $sobel_x$ 和垂直方向上的卷积核 $sobel_y$ 卷积得到 dx 和 dy，然后利用平方和的开方 magnitude=$\sqrt{dx^2 + dy^2}$ 得到边缘强度。

之后利用计算出的 dx 和 dy，计算出梯度方向 angle=arctan2（dy,dx）。

3）在获得梯度的幅度与方向后，对每一个位置进行非极大值抑制的处理。具体方法为逐一遍历像素点，判断当前像素点是否是周围像素点中具有相同梯度方向上的最大值。如果该点是极大值，则保留该点，否则将其归零。这种操作可以实现边缘信息的细化。

4）双阈值的滞后阈值处理。对经过第三步非极大值抑制处理后的边缘强度图，一般需要进行阈值化处理，常用的方法是全局阈值分割和局部自适应阈值分割。这里介绍另一种方法——滞后阈值处理，它使用高阈值和低阈值两个阈值，按照以下三个规则进行边缘的阈值化处理。

- 边缘强度大于高阈值的那些点作为确定边缘点。
- 边缘强度比低阈值小的那些点立即被剔除。
- 边缘强度在低阈值和高阈值之间的那些点，按照以下原则进行处理：只有这些点能按某一路径与确定边缘点相连时，才可以作为边缘点被接受。而组成这一路径的所有点的边缘强度都比低阈值要大。

换句话说就是首先选定边缘强度大于高阈值的所有确定边缘点，然后在边缘强度大于低阈值的情况下尽可能延长边缘。

10.3.2　Python 实现

在 OpenCV 中提供了 cv2.Canny() 函数来实现对图像的 Canny 边缘检测，其一般格式为：

```
edg= cv2. Canny (src,threshould1, threshould2 [, apertureSize[, L2gradient]])
```

其中：

- edg 表示计算得到的边缘信息。
- src 表示输入的 8 位图像。
- threshould1 表示第一个阈值。
- threshould2 表示第二个阈值。
- apertureSize 表示 Sobel 算子的大小。
- L2gradient 表示计算图像梯度幅度的标识，默认为 False。

下面来看一个 Canny 边缘检测的实例。

【例 10-5】 对一幅图像进行 Canny 边缘检测，观察效果。

代码如下：

```python
import cv2 as cv
image = cv.imread("F:/picture/coins.jpg",0)  # 读取一幅灰度图
# 设置不同的阈值信息对图像进行 Canny 边缘检测
edg1 = cv.Canny(image, 30, 100)
edg2 = cv.Canny(image, 100, 200)
edg3 = cv.Canny(image, 200, 255)
# 显示图像
cv.imshow("image", image)
cv.imshow("edg1", edg1)
cv.imshow("edg2", edg2)
cv.imshow("edg3", edg3)
cv.waitKey()
cv.destroyAllWindows()
```

程序运行结果如图 10-5 所示。

a）原始图像

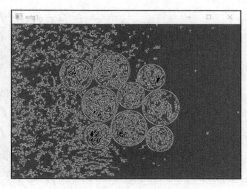

b）Canny 边缘检测 1

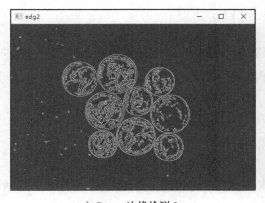

c）Canny 边缘检测 2

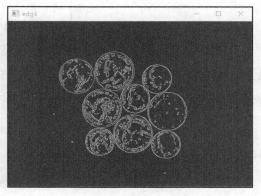

d）Canny 边缘检测 3

图 10-5　例 10-5 的运行结果

在图 10-5 中，图 10-5a 是原始图像；图 10-5b 是阈值组合为（30,100）的检测结果；图 10-5c 是阈值组合为（100,200）的检测结果；图 10-5d 是阈值组合为（200,255）的检测结果。对比图 10-5b、图 10-5c 和图 10-5d 可以看出，当阈值较大时可以获得更多的边缘信息。

10.4 Laplacian 算子

前两节介绍的 Sobel 算子和 Scharr 算子都是一阶导数算子，Laplacian 算子是一种二阶导数算子，具有旋转不变性，可以满足不同方向上的边缘检测要求。

10.4.1 原理简介

二维函数 $f(x,y)$ 的 Laplacian（拉普拉斯）变换由以下计算公式定义：

$$\nabla^2 f(x,y) = \frac{\partial^2 f(x,y)}{\partial^2 x} + \frac{\partial^2 f(x,y)}{\partial^2 y}$$

$$\approx \frac{\partial(f(x+1,y)-f(x,y))}{\partial x} + \frac{\partial(f(x,y+1)-f(x,y))}{\partial y}$$

$$\approx f(x+1,y)-f(x,y)-(f(x,y)-f(x-1,y))$$
$$+ f(x,y+1)-f(x,y)-(f(x,y)-f(x,y-1))$$

$$\approx f(x+1,y)+f(x-1,y)+f(x,y-1)+f(x,y+1)-4f(x,y)$$

将其推广到离散的二维数组（矩阵），即矩阵的拉普拉斯变换是矩阵与拉普拉斯核的卷积。例如，下式中的 l_0 为 3×3 的拉普拉斯算子。

$$l_0 = \begin{pmatrix} 0 & -1 & 0 \\ -1 & 4 & -1 \\ 0 & -1 & 0 \end{pmatrix}, \quad l_0 = \begin{pmatrix} 0 & 1 & 0 \\ 1 & -4 & 1 \\ 0 & 1 & 0 \end{pmatrix}$$

图像矩阵与拉普拉斯核的卷积本质上是计算任意位置的值与其在水平方向和垂直方向上四个相邻点平均值之间的差值。拉普拉斯核内所有值的和必须等于 0，这样就使得在恒等灰度值区域不会产生错误的边缘。

10.4.2 Python 实现

在 OpenCV 中提供了 cv2.Laplacian() 函数来实现 Laplacian 算子的计算，其一般形式为：

```
dst = cv2. Laplacian (src,ddepth[,ksize [, scale[, delta[, borderType]]]])
```

其中：

- dst 表示计算得到的目标函数图像。
- src 表示原始图像。
- ddepth 表示输出图像的深度。
- ksize 表示二阶导数核的大小，必须是正奇数。
- scale 表示计算导数时的缩放因子，默认值是 1。
- delta 表示在目标函数上所附加的值，默认为 0。
- borderType 表示边界样式。

下面来看一个实例。

【例 10-6】 对一幅图像使用 cv2.Laplacian() 函数计算边缘信息，观察效果。

代码如下：

```
import cv2 as cv
image = cv.imread("F:/picture/coins.jpg",0)  # 读取一幅灰度图
# 使用拉普拉斯算子计算边缘信息
laplacian = cv.Laplacian(image, cv.CV_64F)
laplacian = cv.convertScaleAbs(laplacian)# 对计算结果取绝对值
# 显示图像
cv.imshow("image", image)
cv.imshow("laplacian", laplacian)
cv.waitKey()
cv.destroyAllWindows()
```

程序运行结果如图 10-6 所示。

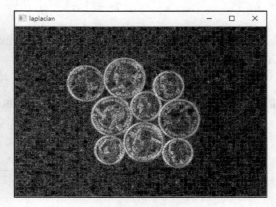

a）原始图像   b）拉普拉斯边缘检测

图 10-6 例 10-6 的运行结果

在图 10-6 中，图 10-6a 是原始图像；图 10-6b 是对原始图像进行边缘检测的结果。可以看出，拉普拉斯边缘检测可以检测出更多的边缘信息。

10.5　高斯拉普拉斯边缘检测

因为拉普拉斯边缘检测算子没有对图像做平滑处理，会对噪声产生明显的影响，所以在用拉普拉斯核进行边缘检测时，首先要对图像进行高斯平滑处理，然后再与拉普拉斯核进行卷积运算。这是一种解决方案，但是因为要做两次卷积，计算复杂度较大，所以有人提出了下面的方案。

10.5.1　原理简介

为了降低计算时的复杂度，并且在进行拉普拉斯边缘检测之前对图像去噪，可以利用二维高斯函数

$$\text{gauss}(x, y, \sigma) = \frac{1}{2\pi\sigma^2} \exp\left(-\frac{x^2 + y^2}{2\sigma^2}\right)$$

的拉普拉斯变换：

$$
\begin{aligned}
\nabla^2(\text{gauss}(x, y, \sigma)) &= \frac{\nabla^2(\text{gauss}(x, y, \sigma))}{\partial^2 x} + \frac{\nabla^2(\text{gauss}(x, y, \sigma))}{\partial^2 y} \\
&= \frac{1}{2\pi\sigma^2} \frac{\partial\left(-\dfrac{x}{\partial^2} \exp\left(-\dfrac{x^2 + y^2}{2\sigma^2}\right)\right)}{\partial x} + \frac{1}{2\pi\sigma^2} \frac{\partial\left(-\dfrac{y}{\partial^2} \exp\left(-\dfrac{x^2 + y^2}{2\sigma^2}\right)\right)}{\partial y} \\
&= \frac{1}{2\pi\sigma^4}\left(\frac{x^2}{\sigma^2} - 1\right)\exp\left(-\frac{x^2 + y^2}{2\sigma^2}\right) + \frac{1}{2\pi\sigma^4}\left(\frac{y^2}{\sigma^2} - 1\right)\exp\left(-\frac{x^2 + y^2}{2\sigma^2}\right) \\
&= \frac{1}{2\pi\sigma^4}\left(\frac{x^2 + y^2}{\sigma^2} - 2\right)\exp\left(-\frac{x^2 + y^2}{2\sigma^2}\right)
\end{aligned}
$$

上式中，$\nabla^2 \text{gauss}(x, y, \sigma)$ 通常称为高斯拉普拉斯（LoG），这是高斯拉普拉斯边缘检测的基底。高斯拉普拉斯边缘检测的具体步骤如下。

首先，构建窗口大小为 $H \times W$、标准差为 σ 的 LoG 卷积核。

$$\text{LoG}_{H \times W} = \left[\nabla^2 \text{gauss}\left(w - \frac{W-1}{2}, h - \frac{W-1}{2}, \sigma\right)\right]_{0 \leqslant h < H, 0 \leqslant h < W}$$

上式中 H、W 均为奇数且一般 $H = W$，卷积核锚点的位置在 $\left(\dfrac{H-1}{2}, \dfrac{W-1}{2}\right)$。

其次，将图像矩阵与 $\text{LoG}_{H \times W}$ 核进行卷积操作，结果记为 I_Cov_LoG。

最后，将得到的边缘信息二值化显示。

$$edge(r,c) = \begin{cases} 255, & \text{I\_ Cov\_ LoG}(r,c) > 0 \\ 0, & \text{I\_ Cov\_ LoG}(r,c) \leqslant 0 \end{cases}$$

这样，高斯拉普拉斯边缘检测的效果与先进行高斯平滑然后再进行拉普拉斯边缘检测的效果是类似的。

10.5.2　Python 实现

根据上述高斯拉普拉斯边缘检测的基本实现原理，我们可以通过 Python 实现边缘检测的操作。为了更好地观察 LoG 的检测效果，下面来看一个实例。

【例 10-7】 对一幅图像进行 LoG 边缘检测，观察效果。

代码如下：

```python
import numpy as np
import math
import cv2 as cv
from scipy import signal
# 构建 LoG 算子
def createLoGKernel(sigma,kSize):
    # LoG 算子的宽和高，且两者均为奇数
    winH,winW = kSize
    logKernel = np.zeros(kSize,np.float32)
    # 方差
    sigmaSquare = pow(sigma,2.0)
    # LoG 算子的中心
    centerH = (winH-1)/2
    centerW = (winW-1)/2
    for r in range(winH):
        for c in range(winW):
            norm2 = pow(r-centerH,2.0) + pow(c-centerW,2.0)
            logKernel[r][c] = 1.0/sigmaSquare*(norm2/sigmaSquare - 2)*math.exp(-norm2/(2*sigmaSquare))
    return logKernel
# LoG 卷积，一般取 _boundary = 'symm'
def LoG(image,sigma,kSize,_boundary='fill',_fillValue = 0):
    # 构建 LoG 卷积核
    loGKernel = createLoGKernel(sigma,kSize)
    # 图像与 LoG 卷积核卷积
    img_conv_log = signal.convolve2d(image,loGKernel,'same',boundary =_boundary)
    return img_conv_log
def edge_binary(img):
    edge = np.copy(img)
    edge[edge >= 0] = 0
    edge[edge < 0] = 255
    edge = edge.astype(np.uint8)
    return edge
# 主函数
image = cv.imread("F:/picture/lena.png",0)
# 显示原图
cv.imshow("image",image)
# LoG 卷积
```

```
img1 = LoG(image,2,(7,7),'symm')
img2 = LoG(image,2,(11,11),'symm')
img3 = LoG(image,2,(13,13),'symm')
# 边缘的二值化显示
L1 = edge_binary(img1)
L2 = edge_binary(img2)
L3 = edge_binary(img3)
# 显示 LoG 边缘检测结果
cv.imshow("L1",L1)
cv.imshow("L2",L2)
cv.imshow("L3",L3)
cv.waitKey()
cv.destroyAllWindows()
```

程序运行结果如图 10-7 所示。

a) 原始图像

b) 7×7 LoG 卷积核

c) 11×11 LoG 卷积核

d) 13×13 LoG 卷积核

图 10-7　例 10-7 的运行结果

在图 10-7 中，图 10-7a 是原始图像；图 10-7b 是 7×7 的 LoG 卷积核得到的检测结果；图 10-7c 是 11×11 的 LoG 卷积核得到的检测结果；图 10-7d 是 13×13 的 LoG 卷积核得到的检测结果。可以看出，随着卷积核的增大，图像边缘信息也在增加，当卷积核过大时，会检测出图像中的噪声。

10.6　思考与练习

1. 概念题

（1）什么是图像梯度？图像梯度在数学上是什么含义？

（2）简要介绍图像梯度与边缘检测的关系。

（3）简要介绍计算图像梯度时所使用的算子及其基本原理。

（4）边缘检测的作用是什么？可以利用什么方法对图像进行边缘检测？

2. 操作题

（1）利用 Sobel 算子和 Scharr 算子检测图 10-2a 的边缘，并将两种算子的检测结果进行对比。

（2）使用 Laplacian 实现对图 10-2a 的边缘检测，并与题目（1）中的检测结果进行对比。

（3）利用 Canny 边缘检测检测图 10-2a 的边缘信息，并将检测结果与测试图像经过题目（1）和题目（2）中的算子得到的结果进行对比。

第 11 章

图像轮廓检测与拟合

第 10 章已经介绍了如何对图像进行边缘检测，但是边缘检测只能检测出图像边缘信息，并不能得到一幅图像的整体信息，而图像轮廓是指将边缘信息连接起来形成的一个整体。图像轮廓是图像中非常重要的一个特征，通过对图像轮廓进行操作，我们能够获取目标图像的大小、位置和方向等信息。

11.1 OpenCV 中轮廓的查找与绘制

图像的轮廓由一系列的点组成，这些点以某种方式表示图像中的一条曲线。所以，图像轮廓的绘制就是将检测到的边缘信息和图像的前景信息进行拟合，从而得到图像的轮廓。

11.1.1 轮廓的查找与绘制

在 OpenCV 中提供了 cv2.findContours() 和 cv2.drawContours() 函数来实现对图像轮廓的查找与绘制，cv2.findContours() 函数的一般格式为：

```
image,contours,hierarchy = cv2. findContours (image, mode, method)
```

其中：

- image 表示 8 位单通道原始图像。
- contours 表示返回的轮廓。
- hierarchy 表示轮廓的层次信息。
- mode 表示轮廓检索模式。
- method 表示轮廓的近似方法。

cv2.drawContours() 函数的一般格式为：

```
image = cv2. drawContours (image, contours, contourIdx,color[,thickness[,lineType
hierarchy[,maxLevel[,offset]]]]])
```

其中：

- image 表示待绘制轮廓的图像。
- contours 表示需要绘制的轮廓。
- contourIdx 表示需要绘制的边缘索引。
- color 表示绘制的轮廓颜色。
- thickness 表示绘制轮廓的粗细。
- lineType 表示绘制轮廓所选用的线型。
- hierarchy 对应 cv2.findContours() 函数中同样参数的信息。
- maxLevel 控制所绘制轮廓层次的深度。
- offset 表示轮廓的偏移程度。

11.1.2　查找绘制轮廓的实例

本节将介绍几种轮廓查找与绘制的实例，并借此分析一些参数的含义。

【例 11-1】　绘制一幅图像内的轮廓。

代码如下：

```
import cv2 as cv
image = cv.imread("F:/picture/conimg.png")      # 读取一幅图像
gray = cv.cvtColor(image, cv.COLOR_BGR2GRAY)    # 转为灰度图
cv.imshow("image",image)   # 显示原始图像
# 对灰度图进行二值化阈值处理
ret, binary = cv.threshold(gray, 127,255,cv.THRESH_BINARY)
# 查找图像中的轮廓信息
contours, hierarchy = cv.findContours(binary, cv.RETR_EXTERNAL, cv.CHAIN_APPROX_
SIMPLE)
# 绘制图像中的轮廓
image = cv.drawContours(image, contours, -1, (0,0,255),3)
# 显示绘制结果
cv.imshow("result",image)
# 观察轮廓的属性
print(" 轮廓类型: ",type(contours))
print(" 轮廓个数: ",len(contours))
cv.waitKey()
cv.destroyAllWindows()
```

程序运行结果如图 11-1 所示。

在图 11-1 中，图 11-1a 是原始图像；图 11-1b 是绘制图 11-1a 中轮廓的结果；图 11-1c 是轮廓的信息。可以看出，图像共有 8 个轮廓信息，类型是列表。由于本书是黑白打印，为了观察轮廓绘制效果，请上机测试。

使用查找轮廓函数 cv2.findContours() 和绘制函数 cv2.drawContours() 可以提取一幅图像的前景信息。方法是将绘制函数 cv2.drawContours() 中的 thickness 设置为 "–1"，可以绘制出前景图像的轮廓信息，然后与原始图像进行按位与操作。

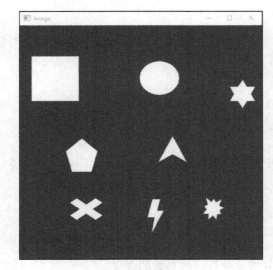 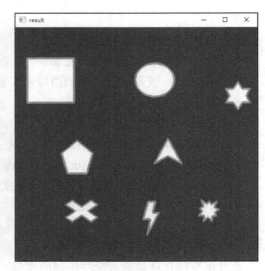

a）原始图像   b）轮廓绘制结果

轮廓类型：	<class 'list'>
轮廓个数：	8

c）轮廓信息

图 11-1　例 11-1 的运行结果

【例 11-2】　利用查找绘制轮廓的方法提取出一幅图像的前景信息。

代码如下：

```python
import cv2 as cv
import numpy as np
image = cv.imread("F:/picture/yumao.jpg")          # 读取一幅图像
gray = cv.cvtColor(image, cv.COLOR_BGR2GRAY)       # 转为灰度图
cv.imshow("image",image)   # 显示原始图像
# 对灰度图进行二值化阈值处理
ret, binary = cv.threshold(gray, 127,255,cv.THRESH_BINARY)
# 查找图像中的轮廓信息
contours, hierarchy = cv.findContours(binary, cv.RETR_EXTERNAL, cv.CHAIN_APPROX_
SIMPLE)
# 制作掩模
mask = np.zeros(image.shape,np.uint8)
# 绘制图像中的轮廓
mask = cv.drawContours(mask, contours, -1, (255,255,255),-1)
# 显示绘制结果
cv.imshow("mask",mask)
# 提取前景
logimg = cv.bitwise_and(image,mask)
cv.imshow("logimg",logimg)
```

```
cv.waitKey()
cv.destroyAllWindows()
```

程序运行结果如图 11-2 所示。

　　a）原始图像　　　　　　　　b）图像轮廓　　　　　　　　c）提取的前景

图 11-2　例 11-2 的运行结果

在图 11-2 中，图 11-2a 是原始图像；图 11-2b 是通过 cv.findContours() 函数和 cv.draw-Contours() 函数绘制的轮廓；图 11-2c 是通过掩模提取的前景信息。

使用查找轮廓函数 cv2. findContours() 和绘制函数 cv2.drawContours() 可以更加清晰地绘制出图像的边缘信息。

【例 11-3】　利用查找绘制轮廓的方法提取出一幅图像的边缘信息。

代码如下：

```
import numpy as np
import cv2 as cv
# 读取图片
img = cv.imread("F:/picture/k1.jpg")
cv.imshow("image",img)
# 二值化，Canny 检测
binaryImg = cv.Canny(img,50,200)
# 寻找轮廓，直接用 contours 表示
h = cv.findContours(binaryImg,cv.RETR_TREE,cv.CHAIN_APPROX_NONE)
# 提取轮廓
contours = h[0]
# 创建白色幕布
temp = np.ones(binaryImg.shape,np.uint8)*255
# 画出轮廓：temp 是白色幕布，contours 是轮廓，-1 表示全画，然后是颜色、厚度
cv.drawContours(temp,contours,-1,(0,255,0),1)
cv.imshow("contours",temp)
cv.imshow("canny",binaryImg)
cv.waitKey()
cv.destroyAllWindows()
```

程序运行结果如图 11-3 所示。

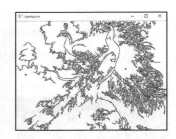

| a）原始图像 | b）Canny 检测的边缘 | c）绘制的边缘轮廓 |

图 11-3   例 11-3 的运行结果

在图 11-3 中，图 11-3a 是原始图像；图 11-3b 是 Canny 边缘检测得到的边缘信息，将其作为查找函数的输入图像；图 11-3c 是经过查找与绘制函数得到的边缘轮廓信息。

11.2   OpenCV 中轮廓的周长与面积

在 OpenCV 中，当查找并绘制出图像的轮廓后，可以通过 cv2.arcLength() 函数和 cv2.contourArea() 函数计算轮廓的周长与面积。

11.2.1   周长计算：cv2.arcLength() 函数

在 OpenCV 中，函数 cv2.arcLength() 可以用于计算轮廓的长度，其一般格式为：

```
ret = cv2. arcLength (contour, booled)
```

其中：

- ret 表示返回的轮廓周长。
- contour 表示输入的轮廓。
- booled 表示轮廓的封闭性。

下面看一个计算周长的实例。

【例 11-4】 计算并显示一幅图像中的轮廓长度。

代码如下：

```
import cv2 as cv
image = cv.imread("F:/picture/conimg.png")    # 读取一幅图像
cv.imshow("image",image)  # 显示原始图像
gray = cv.cvtColor(image, cv.COLOR_BGR2GRAY)    # 转换为灰度图
ret, binary = cv.threshold(gray, 127, 255, cv.THRESH_BINARY) # 二值化阈值处理
# 查找轮廓
contours, hierarchy = cv.findContours(binary, cv.RETR_LIST, cv.CHAIN_APPROX_
SIMPLE)
n = len(contours)            # 获取轮廓格式
cntLen = []                  # 存储各个轮廓长度
```

```
for i in range(n):          # 显示每个轮廓的长度
    cntLen.append(cv.arcLength(contours[i], True))
    print(" 第 "+str(i)+" 个轮廓长度是：%d" % cntLen[i])
cv.waitKey()
cv.destroyAllWindows()
```

程序运行结果如图 11-4 所示。

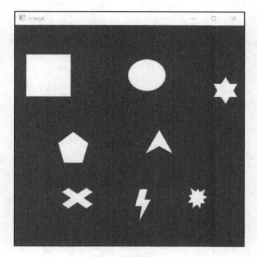

第0个轮廓长度是：210	
第1个轮廓长度是：278	
第2个轮廓长度是：211	
第3个轮廓长度是：231	
第4个轮廓长度是：207	
第5个轮廓长度是：214	
第6个轮廓长度是：258	
第7个轮廓长度是：392	

a）原始图像　　　　　　　　　　　b）图像轮廓长度信息

图 11-4　例 11-4 的运行结果

在图 11-4 中，图 11-4a 是原始图像，其中有 8 个各种各样的图形；图 11-4b 是原始图像中各个图形的周长。

11.2.2　面积计算：cv2.contourArea() 函数

在 OpenCV 中，cv2. contourArea () 函数可以用于计算轮廓的面积，其一般格式为：

```
ret = cv2. contourArea (contour[, booled])
```

其中：

- ret 表示返回的轮廓面积。
- contour 表示输入的轮廓。
- booled 表示轮廓的封闭性。

下面看一个计算面积的实例。

【例 11-5】　计算并显示一幅图像中的轮廓面积。

代码如下：

```
import cv2 as cv
```

```
image = cv.imread("F:/picture/conimg.png")   # 读取一幅图像
cv.imshow("image",image)   # 显示原始图像
gray = cv.cvtColor(image, cv.COLOR_BGR2GRAY)   # 转换为灰度图
ret, binary = cv.threshold(gray, 127, 255, cv.THRESH_BINARY) # 二值化阈值处理
# 查找轮廓
contours, hierarchy = cv.findContours(binary, cv.RETR_LIST, cv.CHAIN_APPROX_
SIMPLE)
n = len(contours)      # 获取轮廓格式
cntLen = []            # 存储各个轮廓长度
for i in range(n):     # 显示每个轮廓的长度
    cntLen.append(cv.contourArea(contours[i]))
    print(" 第 "+str(i)+" 个轮廓的面积是: %d" % cntLen[i])
cv.waitKey()
cv.destroyAllWindows()
```

程序运行结果如图 11-5 所示。

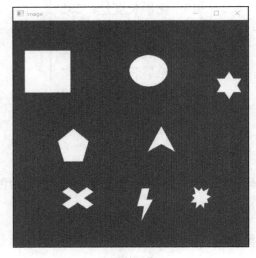

| 第0个轮廓的面积是：995 |
| 第1个轮廓的面积是：1828 |
| 第2个轮廓的面积是：1037 |
| 第3个轮廓的面积是：3354 |
| 第4个轮廓的面积是：1156 |
| 第5个轮廓的面积是：1623 |
| 第6个轮廓的面积是：4769 |
| 第7个轮廓的面积是：9603 |

　　　　　a）原始图像　　　　　　　　　　　　b）图像轮廓长度信息

图 11-5　例 11-5 的运行结果

在图 11-5 中，图 11-5a 是原始图像，其中有 8 个图形；图 11-5b 是原始图像中各个图形的面积。

11.3　几何图形的最小外包与拟合

在通过之前的阈值分割和边缘检测后，可以获得一幅图像的前景或边缘。接下来，一般是通过拟合的方式获取可以近似这些图像轮廓的多边形或者最小外包，为之后的模板匹配打下一定的基础。

11.3.1　最小外包矩形

在 OpenCV 中提供了 cv2.minAreaRect() 函数用来绘制轮廓的最小外包矩形框，其一般格式为：

```
ret = cv2. minAreaRect (points)
```

其中：

- ret 表示返回的矩形特征信息。
- points 表示输入的轮廓。

注意　返回值 ret 的结构不符合 cv2.drawContours() 函数的参数结构要求。因此，必须使用 cv2.boxPoints() 函数将上述返回值 ret 转换为符合要求的结构。cv2.boxPoints() 函数的一般格式是：

```
points= cv2. boxPoints (box)
```

其中：

- box 表示 cv2.minAreaRect() 函数返回值类型的值。
- points 表示返回的符合结构的矩形特征信息。

下面来看一个实例。

【例 11-6】　利用 cv2.minAreaRect() 函数得到图像的最小外包矩形框。

代码如下：

```
import cv2 as cv
import numpy as np
image = cv.imread("F:/picture/hb.jpg")  # 读取一幅图像
cv.imshow("image",image)  # 显示原始图像
gray = cv.cvtColor(image, cv.COLOR_BGR2GRAY)  # 转换为灰度图
ret, binary = cv.threshold(gray, 127, 255, cv.THRESH_BINARY) # 二值化阈值处理
# 查找轮廓
contours, hierarchy = cv.findContours(binary, cv.RETR_LIST, cv.CHAIN_APPROX_
SIMPLE)
rect = cv.minAreaRect(contours[0])  # 构建轮廓的最小外包矩形
points = cv.boxPoints(rect)  # 调整矩形返回值的类型
points = np.int0(points)  # 取整
img = cv.drawContours(image,[points],0,(255,255,255),1)  # 画出矩形框
cv.imshow("result",image)  # 显示绘制图像
cv.waitKey()
cv.destroyAllWindows()
```

程序运行结果如图 11-6 所示。

a）原始图像　　　　　　　　　　　　　　b）绘制结果

图 11-6　例 11-6 的运行结果

在图 11-6 中，图 11-6a 是原始图像；图 11-6b 是在原始图像上绘制的最小矩形外包的图像。

11.3.2　最小外包圆形

在 OpenCV 中提供了 cv2. minEnclosingCircle () 函数来绘制轮廓的最小外包圆形，其一般格式为：

```
center , radius = cv2. minEnclosingCircle (points)
```

其中：

- center 表示最小外包圆形的中心。
- radius 表示最小外包圆形的半径。
- points 表示输入的轮廓。

在绘制圆形外包时会用到 cv.circle() 函数，其具体细节将在第 12 章介绍。下面来看一个实例。

【例 11-7】　利用 cv2. minEnclosingCircle () 函数得到图像的最小外包圆形。

代码如下：

```
import cv2 as cv
import numpy as np
image = cv.imread("F:/picture/hb.jpg")  # 读取一幅图像
cv.imshow("image",image)  # 显示原始图像
gray = cv.cvtColor(image, cv.COLOR_BGR2GRAY)  # 转换为灰度图
ret, binary = cv.threshold(gray, 127, 255, cv.THRESH_BINARY) # 二值化阈值处理
```

```
# 查找轮廓
contours, hierarchy = cv.findContours(binary, cv.RETR_LIST, cv.CHAIN_APPROX_
SIMPLE)
(x,y), rad = cv.minEnclosingCircle(contours[0])  # 构建轮廓的最小外包圆形
# 取整
center = (int(x),int(y))
rad = int(rad)
cv.circle(image,center,rad,(255,255,255),1)  # 绘制圆形
cv.imshow("result",image)  # 显示绘制图像
cv.waitKey()
cv.destroyAllWindows()
```

程序运行结果如图 11-7 所示。

a）原始图像

b）绘制结果

图 11-7 例 11-7 的运行结果

在图 11-7 中，图 11-7a 是原始图像；图 11-7b 是在原始图像上绘制的最小外包圆形的图像。

11.3.3 最小外包三角形

在 OpenCV 中提供了 **cv2.minEnclosingTriangle()** 函数来绘制轮廓的最小外包三角形，其一般格式为：

```
ret , triangle = cv2. minEnclosingTriangle (points)
```

其中：

- ret 表示最小外包三角形的面积。
- triangle 表示最小外包三角形的三个顶点集。

● points 表示输入的轮廓。

在绘制三角形外包时会用到 cv.line() 函数，其具体细节将在第 12 章介绍。下面来看一个实例。

【例 11-8】 利用 cv2. minEnclosingTriangle () 函数得到图像的最小外包三角形。

代码如下：

```
import cv2 as cv
image = cv.imread("F:/picture/hb.jpg")   # 读取一幅图像
cv.imshow("image",image)  # 显示原始图像
gray = cv.cvtColor(image, cv.COLOR_BGR2GRAY)   # 转换为灰度图
ret, binary = cv.threshold(gray, 127, 255, cv.THRESH_BINARY) # 二值化阈值处理
# 查找轮廓
contours, hierarchy = cv.findContours(binary, cv.RETR_LIST, cv.CHAIN_APPROX_
SIMPLE)
    area, trg = cv.minEnclosingTriangle(contours[0])   # 构建轮廓的最小外包三角形
    for i in range(0,3):
        cv.line(image,tuple(trg[i][0]), tuple(trg[(i+1)%3][0]),
                (255,255,255),1)# 绘制最小外包三角形
cv.imshow("result",image)   # 显示绘制图像
cv.waitKey()
cv.destroyAllWindows()
```

程序运行结果如图 11-8 所示。

a）原始图像

b）绘制结果

图 11-8　例 11-8 的运行结果

在图 11-8 中，图 11-8a 是原始图像；图 11-8b 是在原始图像上绘制的最小外包三角形的图像。

11.3.4 最小外包椭圆

在 OpenCV 中提供了 cv2. fitEllipse() 函数来绘制轮廓的最小外包椭圆，其一般格式为：

```
ret = cv2. fitEllipse (points)
```

其中：

● ret 表示返回的椭圆特征信息，包括中心点、轴长度和旋转角等。

● points 表示输入的轮廓。

在绘制椭圆外包时会用到 cv.ellipse() 函数，其具体细节将在第 12 章介绍。下面来看一个实例。

【例 11-9】 利用 cv2. fitEllipse() 函数得到图像的最小外包椭圆。

代码如下：

```
import cv2 as cv
image = cv.imread("F:/picture/hb.jpg")    # 读取一幅图像
cv.imshow("image",image)  # 显示原始图像
gray = cv.cvtColor(image, cv.COLOR_BGR2GRAY)  # 转换为灰度图
ret, binary = cv.threshold(gray, 127, 255, cv.THRESH_BINARY) # 二值化阈值处理
# 查找轮廓
contours, hierarchy = cv.findContours(binary, cv.RETR_LIST, cv.CHAIN_APPROX_SIMPLE)
ellipse = cv.fitEllipse(contours[0])# 构建最小外包椭圆
cv.ellipse(image,ellipse,(255,255,0),1)  # 绘制最小外包椭圆
cv.imshow("result",image)   # 显示绘制图像
cv.waitKey()
cv.destroyAllWindows()
```

程序运行结果如图 11-9 所示。

a）原始图像

b）绘制结果

图 11-9 例 11-9 的运行结果

在图 11-9 中，图 11-9a 是原始图像；图 11-9b 是在原始图像上绘制的最小外包椭圆的图像。

11.3.5 最优拟合直线

在 OpenCV 中提供了 cv2. fitLine() 函数来绘制轮廓的最优拟合直线，其一般格式为：

```
line = cv2. fitLine (points, distType, param, reps, aeps)
```

其中：
- line 表示返回的最优拟合直线参数。
- points 表示输入的轮廓。
- distType 表示距离类型。
- param 表示距离参数，与所用距离类型相关。
- reps 表示最优拟合直线的径向精度，一般为 0.01。
- aeps 表示最优拟合直线的角度精度，一般为 0.01。

在绘制最优拟合直线时会用到 cv.line() 函数，其具体细节将在第 12 章介绍。下面来看一个实例。

【例 11-10】 利用 cv2. fitLine() 函数得到图像的最优拟合直线。

代码如下：

```
import cv2 as cv
image = cv.imread("F:/picture/hb.jpg")  # 读取一幅图像
cv.imshow("image",image)   # 显示原始图像
gray = cv.cvtColor(image, cv.COLOR_BGR2GRAY)  # 转换为灰度图
ret, binary = cv.threshold(gray, 127, 255, cv.THRESH_BINARY) # 二值化阈值处理
# 查找轮廓
contours, hierarchy = cv.findContours(binary, cv.RETR_LIST, cv.CHAIN_APPROX_SIMPLE)
row, col = image.shape[:2]  # 获取图像大小信息
# 构建最优拟合直线
[vx,vy,x,y] = cv.fitLine(contours[0],cv.DIST_L2, 0, 0.01, 0.01)
# 计算直线绘制的参数
ly = int((-x*vy/vx)+y)
ry = int(((col-x)*vy/vx)+y)
cv.line(image, (col-1,ry),(0,ly),(255,0,255),2)# 绘制最优拟合直线
cv.imshow("result",image)  # 显示绘制图像
cv.waitKey()
cv.destroyAllWindows()
```

程序运行结果如图 11-10 所示。

在图 11-10 中，图 11-10a 是原始图像；图 11-10b 是在原始图像上绘制的最优拟合直线的图像。

a）原始图像

b）绘制结果

图 11-10 例 11-10 的运行结果

11.4 霍夫检测

霍夫变换（Hough Transform）是图像处理中的一种特征提取技术，该过程在一个参数空间中通过计算累计结果的局部最大值得到一个符合该特定形状的集合作为霍夫变换的结果。

霍夫变换于 1962 年由 Paul Hough 首次提出，最初的霍夫变换被设计用来检测直线和曲线，起初的方法要求知道物体边界线的解析方程，但不需要有关区域位置的先验知识。1972 年，经典霍夫变换由 Richard Duda 和 Peter Hart 推广使用，用来检测图像中的直线。之后霍夫变换扩展到任意形状物体的识别，多为圆和椭圆。霍夫变换运用两个坐标空间之间的变换将在一个空间中具有相同形状的曲线或直线映射到另一个坐标空间的一个点上形成峰值，从而把检测任意形状的问题转化为统计峰值问题。

11.4.1 霍夫直线检测

在 OpenCV 中提供了 cv2.HoughLines() 函数来实现标准霍夫直线检测，其一般格式为：

```
lines= cv2.HoughLines (image,rho,theta,threshold)
```

其中：

- lines 表示函数的返回值，是检测到的直线参数。
- image 表示输入的 8 位单通道二值图像。

- rho 表示距离的精度，一般为 1。
- theta 表示角度的精度，一般为 π/180。
- threshold 表示判断阈值。

注意 在使用该函数进行霍夫直线检测时，所检测到的是图像中的直线而不是线段。

在使用标准霍夫直线检测时，虽然可以检测出图像中的直线，但是会出现很多重复的检测直线，为了解决这种问题，有学者提出了概率霍夫变换。这是一种对霍夫变换的优化，它只需要一个足以进行线检测的随机点子集即可。

在 OpenCV 中提供了 cv2.HoughLinesP() 函数来实现概率霍夫直线检测，其一般格式为：

```
lines= cv2.HoughLinesP (image,rho,theta,threshold,minLineLength,maxLineGap)
```

其中：
- lines 表示函数的返回值，是检测到的直线参数。
- image 表示输入的 8 位单通道二值图像。
- rho 表示距离的精度，一般为 1。
- theta 表示角度的精度，一般为 π/180。
- threshold 表示判断阈值。
- minLineLength 用来控制所接受直线的最小长度。
- maxLineGap 用来控制共线线段之间的最大间隔。

下面来看一个实例。

【例 11-11】 使用 cv2.HoughLines() 函数和 cv2.HoughLinesP() 函数对图像实现霍夫直线检测，观察效果。

代码如下：

```python
import cv2 as cv
import numpy as np
# 标准霍夫直线检测
def HoughLine_s(img):
    # 进行标准霍夫直线检测
    lines = cv.HoughLines(edges,1,np.pi/180,100)
    # 绘制检测结果
    for line in lines:
        rho,theta = line[0]
        a = np.cos(theta)
        b = np.sin(theta)
        x0 = a*rho
        y0 = b*rho
        x1 = int(x0 + 1000 * (-b))
```

```
        y1 = int(y0 + 1000 * (a))
        x2 = int(x0 - 1000 * (-b))
        y2 = int(y0 - 1000 * (a))
        cv.line(img,(x1,y1),(x2,y2),(255,255,255),2)
        return img
# 优化霍夫直线检测结果
def HoughLine_p(img):
    # 进行优化霍夫直线检测
    lines = cv.HoughLinesP(edges, 1, np.pi / 180, 1,minLineLength=50,maxLineGap=1)
    # 绘制检测结果
    for line in lines:
        x1, y1, x2, y2 = line[0]
        cv.line(img, (x1, y1), (x2, y2), (255, 255, 255), 2)
        return img
image = cv.imread("F:/picture/img1.jpg")        # 读取一幅图像
gray = cv.cvtColor(image,cv.COLOR_BGR2GRAY)      # 转为灰度图
edges = cv.Canny(gray,10,200)     # 使用 Canny 检测得到二值化图像
cv.imshow("edges",edges)          # 显示 Canny 检测结果
cv.imshow("image",image)          # 显示原始图像
# 进行霍夫直线检测
hough_s = HoughLine_s(image)      # 标准霍夫直线检测
hough_p = HoughLine_p(image)      # 优化霍夫直线检测
cv.imshow("hough_s",hough_s)      # 显示检测结果
cv.imshow("hough_p",hough_p)      # 显示检测结果
cv.waitKey()
cv.destroyAllWindows()
```

程序运行结果如图 11-11 所示。

a）原始图像

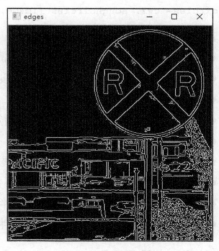

b）Canny 检测

图 11-11　例 11-11 的运行结果

c）标准霍夫直线检测   d）概率霍夫直线检测

图 11-11 （续）

在图 11-11 中，图 11-11a 是原始图像；图 11-11b 是 Canny 边缘检测得到的二值化边缘信息图像；图 11-11c 是标准霍夫直线检测得到的图像；图 11-11d 是概率霍夫直线检测得到的图像。

11.4.2 霍夫圆检测

霍夫变换不仅可以用来检测直线，还可以用来检测任何能使用参数方程表示的对象。在 OpenCV 中，使用 cv2.HoughCircles() 函数实现霍夫圆检测，其一般格式为：

```
circles= cv2. HoughCircles (image,method,dp,minDist,p1,p2,minRadius,maxRadius)
```

其中：

- circles 表示函数的返回值，是检测到的圆形参数。
- image 表示输入的 8 位单通道灰度图像。
- method 表示检测方法。
- dp 表示累积器的分辨率，用来指定图像分辨率与圆心累加器分辨率的比例。
- minDist 表示圆心间的最小间距，一般作为阈值使用。
- p1 表示 Canny 边缘检测器的高阈值，低阈值是高阈值的一半。
- p2 表示圆心位置必须收到的投票数。
- minRadius 表示所接受圆的最小半径。
- maxRadius 表示所接受圆的最大半径。

注意 在调用函数 cv2.HoughCircles() 之前，为了减少图像中的噪声，避免发生误判，一般需要对原始图像进行平滑操作。下面来看一个实例。

【例 11-12】 使用 cv2.HoughCircles() 函数检测一幅图像中的圆形，并观察效果。代码如下：

```
import cv2 as cv
import numpy as np
image = cv.imread("F:/picture/xiangqi.jpg", -1)   # 读取一幅图像
gray = cv.cvtColor(image,cv.COLOR_BGR2GRAY)        # 转为灰度图
image = cv.cvtColor(image, cv.COLOR_BGR2RGB)       # 转为 RGB 色彩空间
cv.imshow("image",image)          # 显示原始图像
gray = cv.medianBlur(gray, 5)     # 平滑滤波，去除噪声
# 实现霍夫圆检测
circles = cv.HoughCircles(gray, cv.HOUGH_GRADIENT, 1, 50, param1=50, param2=30,
minRadius=5, maxRadius=25)
circles = np.uint16(np.around(circles))   # 调整圆
# 在原图上绘制出圆形
for i in circles[0, :]:
    cv.circle(image, (i[0], i[1]), i[2], (0, 255, 0), 2)
    cv.circle(image, (i[0], i[1]), 2, (0, 255, 0), 2)
cv.imshow("result",image)  # 显示绘制结果
cv.waitKey()
cv.destroyAllWindows()
```

程序运行结果如图 11-12 所示。

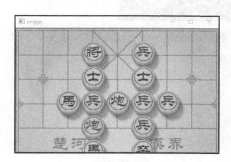

a）原始图像

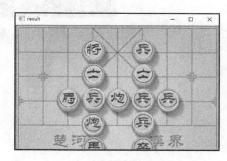

b）霍夫圆检测

图 11-12　例 11-12 的运行结果

在图 11-12 中，图 11-12a 是原始图像；图 11-12b 是霍夫圆检测得到的图像。在进行霍夫圆检测时需要根据不同的图像进行参数调整，使之达到最佳检测效果。

11.5　思考与练习

1. 概念题

（1）什么是图像的轮廓？与图像的边缘有什么关系？

（2）简要说明几何图像外包及最小外包的概念。

（3）简述霍夫直线检测与霍夫圆检测的基本原理。

2. 操作题

（1）编写程序，计算图11-1a中各个图形轮廓的周长与面积。

（2）编写程序，实现图11-6a的最小外包多边形。

（3）编写程序，使用霍夫圆检测的方法检测图11-13中的圆。

图 11-13   题 2（3）的测试图像

CHAPTER 12

第 12 章

人脸识别实现

人脸识别是基于人的脸部特征信息进行身份识别的一种生物识别技术，是指程序对输入的人脸图像进行检测、判断并识别出对应人的过程。人脸识别有对静态图像中的识别，也涉及对视频中人脸的识别，本章主要阐述静态图像中的人脸检测与识别，并分别给出实例进行演示。

12.1 绘图基础

为了可以更好地检测出的人脸，先介绍一些在图像上绘图的基础操作。OpenCV 中提供了方便的绘图功能，使用其中的绘图函数可以绘制直线、矩形、圆、椭圆等多种几何图形，并且可以在图像中的指定位置添加文字说明。

OpenCV 提供了绘制直线的函数 cv2.line()、绘制矩形的函数 cv2.rectangle()、绘制圆的函数 ev2.circle()、绘制椭圆的函数 cv2.ellipse() 和在图像内添加文字的函数 ev2.putText() 等多种绘图函数。

12.1.1 绘制直线：cv2.line() 函数

在 OpenCV 中提供了 cv2.line() 函数用于在图像中绘制直线，其一般格式为：

`image = cv2. line (image, p1, p2,color[,thickness[, lineType]])`

其中：
- image 表示绘制的载体图像。
- p1 表示线段的起点。
- p2 表示线段的终点。
- color 表示所绘制直线的颜色。
- thickness 表示所绘制直线的粗细。

- lineType 表示所绘制直线的类型。

下面看一个在图像中绘制线段的实例。

【例 12-1】 使用 cv2.line() 函数绘制线段。

代码如下：

```python
import cv2 as cv
import numpy as np
# 读取图像，绘制直线
img = cv.imread("F:/picture/lena.png")    # 读取一幅图像
rows, cols = img.shape[:2]      # 获取图像的宽和高
# 在原始图像上绘制三条线段
img = cv.line(img,(0,0),(rows,cols),(255,255,255),3)
img = cv.line(img,(0,cols-150),(rows,cols-150),(255,0,255),5)
img = cv.line(img,(rows-150,0),(rows-150,cols),(0,255,255),7)
# 自定义画布绘制直线
n = 300
image = np.zeros((n+1,n+1,3), np.uint8)     # 定义画布的大小
# 绘制三条线段
image = cv.line(image,(0,0),(n,n),(255,255,255),3)
image = cv.line(image,(0,150),(n,150),(255,0,255),5)
image = cv.line(image,(150,0),(150,n),(0,255,255),7)
cv.imshow("result",image)   # 显示绘制结果
cv.imshow("img",img)
cv.waitKey()
cv.destroyAllWindows()
```

程序运行结果如图 12-1 所示。

a）读取图像绘制直线

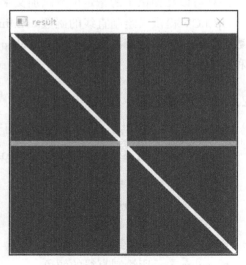

b）自定义画布绘制直线

图 12-1　例 12-1 的运行结果

在图 12-1 中，图 12-1a 是在读入的一幅图像中绘制了三条不同颜色、不同角度的直线；图 12-1b 是在自定义的一张黑色画布上绘制了三条不同颜色的直线。

12.1.2 绘制矩形：cv2.rectangle() 函数

在 OpenCV 中提供了 cv2.rectangle() 函数来绘制矩形，其一般格式为：

```
image = cv2. rectangle (image, p1, p2,color[,thickness[, lineType]])
```

其中：

- image 表示绘制的载体图像。
- p1 表示矩形的顶点。
- p2 表示矩形的对角顶点。
- color 表示所绘制的矩形线条的颜色。
- thickness 表示所绘制的矩形线条的粗细。
- lineType 表示所绘制的矩形线条的类型。

下面看一个在图像中绘制矩形的实例。

【例 12-2】 使用 cv2.rectangle() 函数绘制矩形。

代码如下：

```python
import cv2 as cv
import numpy as np
# 读取图像，绘制矩形
img = cv.imread("F:/picture/lena.png")  # 读取一幅图像
rows, cols = img.shape[:2]    # 获取图像的宽和高
# 在原始图像上绘制三个矩形
img = cv.rectangle(img,(50,50),(rows-200,cols-200),(255,255,0),3)
img = cv.rectangle(img,(70,70),(rows-100,cols-150),(255,0,255),5)
img = cv.rectangle(img,(100,100),(rows-150,cols-100),(0,255,255),7)
# 自定义画布绘制矩形
n = 500
image = np.ones((n,n,3), np.uint8)*255    # 定义画布的大小
# 绘制三个矩形
image = cv.rectangle(image,(20,20),(n-300,n-300),(255,255,0),3)
image = cv.rectangle(image,(50,50),(n-100,n-150),(255,0,255),5)
image = cv.rectangle(image,(200,150),(400,n-150),(0,255,255),7)
cv.imshow("result",image)  # 显示绘制结果
cv.imshow("img",img)
cv.waitKey()
cv.destroyAllWindows()
```

程序运行结果如图 12-2 所示。

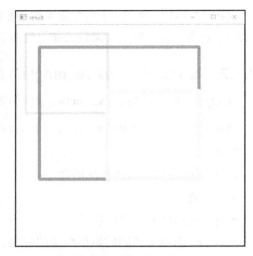

a）读取图像绘制矩形   b）自定义画布绘制矩形

图 12-2　例 12-2 的运行结果

在图 12-2 中，图 12-2a 是在读入的一幅图像中绘制了三个不同颜色的矩形；图 12-2b
是在自定义的一张白色画布上绘制了三个不同颜色的矩形。

12.1.3　绘制圆形：cv2.circle() 函数

在 OpenCV 中提供了 cv2.circle() 函数来绘制圆，其一般格式为：

```
image = cv2. circle (image, center,radius,color[,thickness[, lineType]])
```

其中：

- image 表示绘制的载体图像。
- center 表示圆心。
- radius 表示圆的半径。
- color 表示绘制圆的线条的颜色。
- thickness 表示绘制圆的线条的粗细。
- lineType 表示绘制圆的线条的类型。

下面看一个在图像中绘制实心圆和同心圆的实例。

【例 12-3】　使用 cv2. circle() 函数绘制圆。

代码如下：

```
import cv2 as cv
import numpy as np
# 读取图像，绘制实心圆
image = cv.imread("F:/picture/lena.png")  # 读取一幅图像
rows, cols = image.shape[:2]  # 获取图像的大小
```

```
# 生成绘制圆的随机参数
for i in range(1,100):
    cx = np.random.randint(0,rows)
    cy = np.random.randint(0,cols)
    radius = np.random.randint(10,rows/20)
    color = np.random.randint(0,high=256,size=(3,)).tolist()
    cv.circle(image,(cx,cy),radius,color,-1)   # 绘制圆
# 自定义画布绘制同心圆
n = 400
imgw = np.ones((n,n,3),np.uint8)*255   # 创建白色画布
(x,y) = (round(imgw.shape[1]/2),round(imgw.shape[0]/2))   # 定义圆心
ver = (0,0,255)   # 颜色变量
# 生成同心圆
for v in range(5,round(n/2),12):
    cv.circle(imgw,(x,y),v,ver,3)
# 显示绘制结果
cv.imshow("circle1",imgw)
cv.imshow("circle2",image)
cv.waitKey()
cv.destroyAllWindows()
```

程序运行结果如图 12-3 所示。

a）读取图像绘制随机实心圆

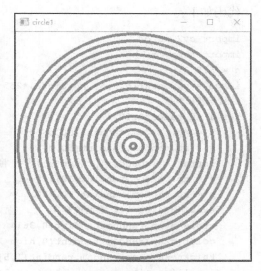

b）自定义画布绘制同心圆

图 12-3　例 12-3 的运行结果

在图 12-3 中，图 12-3a 是在读取的图像上绘制随机的实心圆；图 12-3b 是在自定义的一张白色画布上绘制了一组同心圆。

12.1.4　绘制椭圆：cv2.ellipse() 函数

在 OpenCV 中提供了 cv2.ellipse() 函数来绘制椭圆，其一般格式为：

```
image = cv2. ellipse (image, center,axes,angle,startAngle,endAngle,color[,thickness[, lineType]])
```

其中：

- image 表示绘制的载体图像。
- center 表示椭圆圆心。
- axes 表示轴长。
- angle 表示偏转角度。
- startAngle 表示圆弧起始角度。
- endAngle 表示圆弧终止角度。
- color 表示绘制椭圆的线条的颜色。
- thickness 表示绘制椭圆的线条的粗细。
- lineType 表示绘制椭圆的线条的类型。

下面看一个绘制椭圆的实例。

【例 12-4】 使用 cv2. ellipse() 函数绘制椭圆。

代码如下：

```python
import cv2 as cv
import numpy as np
n = 512
image = np.ones((n,n,3),np.uint8)*255   # 构建一幅白色画布
# 设置随机参数
for i in range(0,10):
    x = np.random.randint(50,n-50)
    y = np.random.randint(50,n-50)
    center = (round(x),round(y))  # 椭圆中心点
    a = np.random.randint(10,100)
    b = np.random.randint(50,200)
    axes = (a,b)   # 椭圆轴长
    angle = np.random.randint(0,361)   # 椭圆角度
    color = np.random.randint(0,high=256,size=(3,)).tolist()   # 椭圆颜色
    thickness = np.random.randint(1,5)    # 线条粗细
    cv.ellipse(image,center,axes,angle,0,360,color,thickness)   # 绘制椭圆
cv.imshow("ellipse",image)    # 显示绘制结果
cv.waitKey()
cv.destroyAllWindows()
```

程序运行结果如图 12-4 所示。

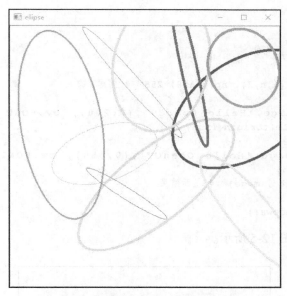

图 12-4 例 12-4 的运行结果

图 12-4 中显示了随机生成的椭圆，其轴长、角度、颜色、线条粗细和中心坐标都是随机的。

12.1.5 在图形上绘制文字：cv2.putText() 函数

在 OpenCV 中提供了 cv2.putText() 函数，用于在图形上绘制文字，其一般格式为：

```
image = cv2. putText (image, text, org, fontFace, fontScale, color[,thickness[,lineType[,bottomLeftOrigin]]])
```

其中：

- image 表示绘制的载体图像。
- text 表示要绘制的字体。
- org 表示绘制字体的位置。
- fontFace 表示字体类型。
- fontScale 表示字体大小。
- color 表示绘制文字的线条的颜色。
- thickness 表示绘制文字的线条的粗细。
- lineType 表示绘制文字的线条的类型。
- bottomLeftOrigin 表示文字的方向。

下面看一个在图像上绘制文字的实例。

【例 12-5】 使用 cv2. putText() 函数在画布上绘制文字。

代码如下：

```
import cv2 as cv
import numpy as np
n = 700
image = np.ones((n,n,3), np.uint8)*255   # 创建画布
# 绘制镜像文字
cv.putText(image,'Hello OpenCV',(0,200), cv.FONT_HERSHEY_COMPLEX,
3,(0,255,0),5,bottomLeftOrigin=True)
# 绘制手写字体的文字
cv.putText(image,'Hello OpenCV',(0,450), cv.FONT_HERSHEY_SCRIPT_
SIMPLEX,3,(0,0,255),5)
cv.imshow("result",image)   # 显示结果
cv.waitKey()
cv.destroyAllWindows()
```

程序运行结果如图 12-5 所示。

图 12-5　例 12-5 的运行结果

在图 12-5 中，可以看到 "Hello OpenCV" 以两种不同的字体和排列方式呈现。调整 cv2.putText() 函数的参数可以得到不同的显示结果，请大家上机测试。

12.2　人脸检测

在之前提到过，要进行人脸识别，首先要从图像中检测到人脸，之后才能进行人脸识别或者其他图像处理操作。在人脸检测中，主要任务是构造能够区分包含人脸实例和不包含人脸实例的分类器。这些实例称为 "正类"（包含人脸图像）和 "负类"（不包含人脸图像）。

在 OpenCV 中提供了几种训练好的分类器，本节将介绍如何调用这种训练好的分类器，从而实现人脸检测。

12.2.1 OpenCV 中级联分类器的使用

在 OpenCV 中提供了三种不同的训练好的级联分类器，分别是 Hog 级联分类器、Haar 级联分类器和 LBP 级联分类器。

在 OpenCV 根目录下的 build 文件夹下，查找 build\x86\vcl2\bin 目录，会找到 OpenCV_createsamples.exe 和 OpenCV_traincascade.exe，这两个 exe 文件可以用来训练级联分类器。训练级联分类器是一种十分耗时的操作，而 OpenCV 提供了几种训练好的分类器以供用户使用。这些级联分类器以 XML 文件的形式存放在 OpenCV 源文件的 data 目录下，加载不同级联分类器的 XML 文件就可以实现对不同对象的检测。

OpenCV 自带的级联分类器存储在 OpenCV 根文件夹的 data 文件夹下。该文件夹包含三个子文件夹，即 hogcascades、haarcascades 和 lbpcascades，里面分别存储的是 Hog 级联分类器、Haar 级联分类器和 LBP 级联分类器。

OpenCV 加载级联分类器的方法很简单，其一般格式为：

```
<CascadeClassifier object> = cv2.CascadeClassifier(filename)
```

其中，filename 是分类器的路径和名称。

 注意 如果在安装 OpenCV 时，使用的是 Anaconda 环境下 pip 的方式，如本书中使用的方式，则无法直接获取级联分类器的 XML 文件。可以在安装 OpenCV 的目录下找到 data 文件，在这里可以找到相应的 XML 文件。

12.2.2 Python 实现

在 OpenCV 中提供了 cv2.CascadeClassfier.detectMultiScale() 函数来检测图片中的人脸。该函数可以用级联分类器对象调用，其一般格式为：

```
Objects = CascadeClassfier.detectMultiScale(image [,scaleFactor[,minNeighbors[
,flags[,minSize[,maxSize]]]]])
```

其中：

- image 表示待检测图像。
- scaleFactor 表示在前后两次扫描过程中窗口的缩放因子。
- minNeighbors 表示构成检测目标的相邻矩形的个数。
- flags 参数一般被省略。
- minSize 表示检测目标的最小尺寸。
- maxSize 表示检测目标的最大尺寸。

- Objects 表示返回值。

下面介绍一个人脸检测的实例。

【例 12-6】 使用 OpenCV 中提供的 cv2.CascadeClassfier.detectMultiScale() 函数检测一幅图像中的人脸。

代码如下：

```python
import cv2 as cv
image = cv.imread("F:/picture/dface3.jpg")  # 读取一幅图像
# 获取 XML 文件，加载人脸检测器
faceCascade = cv.CascadeClassifier('haarcascade_frontalface_default.xml')
gray = cv.cvtColor(image, cv.COLOR_BGR2GRAY)  # 转为灰度图
# 实现人脸检测
faces = faceCascade.detectMultiScale(gray, scaleFactor=1.03, minNeighbors=3,
minSize=(3,3))
print(faces)  # 打印检测到的人脸
print(" 发现 {0} 个人脸 ".format(len(faces)))
# 在原图中标记检测到的人脸
for (x, y, w, h) in faces:
    # 绘制圆，标记人脸
    cv.circle(image, (int((x+x+w)/2), int((y+y+h)/2)), int(w/2), (0, 255, 0), 2)
cv.imshow("dect", image)  # 显示检测结果
cv.waitKey()
cv.destroyAllWindows()
```

程序运行结果如图 12-6 所示。

```
[[318  22  28  28]
 [200  26  30  30]
 [255  36  27  27]
 [111  47  27  27]
 [ 73  57  25  25]]
发现5个人脸
```

a）检测结果　　　　　　　　　　　　b）位置及个数信息

图 12-6　例 12-6 的运行结果

在图 12-6 中，图 12-6a 是人脸检测的结果；图 12-6b 是从图 12-6a 中检测到的人脸位置及个数信息。可以看出，我们共检测到了 5 个人脸，并用圆标记出了检测结果。

12.3 人脸识别

人脸识别就是找到一个可以表征每个人脸特征的模型，在进行识别时先提取当前人脸的特征，再从已有的特征集中找到最为接近的人脸样本，从而得到当前人脸的标签。在 OpenCV 中提供了 LBPH、EigenFishfaces 和 Fisherfaces 三种人脸识别方法。

12.3.1 原理简介

LBPH 所使用的模型基于 LBP 算法，其基本原理是将图像中某个像素点的值与其最邻近的 8 个像素点的值逐一比较，如果该点像素值大于其临近点的像素值，则得到 0，反之，如果该点像素值小于其临近点的像素值，则得到 1。最后，将该像素点与其周围 8 个像素点比较所得到的 0 和 1 值组合，得到一个 8 位的二进制序列，将该二进制序列转换为十进制数作为该像素点的 LBP 值。对图像中每一个像素点都进行上述操作，就可以实现 LBP 算法的功能。

12.3.2 相关函数

在 OpenCV 中，可以使用 cv2.face.LBPHFaceRecognizer_create() 函数生成 LBPH 识别器实例模型，然后利用 cv2.face_FaceRecognizer.train() 函数完成人脸数据的训练，最后用 cv2.face_FaceRecognizer.predict() 函数完成人脸识别。

1. cv2.face.LBPHFaceRecognizer_create() 函数

cv2.face.LBPHFaceRecognizer_create() 函数用于生成 LBPH 识别器实例模型，其一般格式为：

```
ret = cv2.face.LBPHFaceRecognizer_create([,radius[,neighbors [,grid_x[,grid_y[,threshold]]]]])
```

其中：

- radius 表示半径值。
- neighbors 表示邻域点的个数，默认采用 8 邻域。
- grid_x 表示水平单元格上像素的个数。
- grid_y 表示垂直单元格上像素的个数。
- threshold 表示预测时采用的阈值。

2. cv2.face_FaceRecognizer.train() 函数

cv2.face_FaceRecognizer.train() 函数用于完成人脸数据的训练，其一般格式为：

```
None= cv2. face_FaceRecognizer.train (src, labels)
```

其中：

- src 表示用于训练的图像。
- 1abels 表示人脸图像所对应的标签。

3. cv2.face_FaceRecognizer.predict() 函数

cv2.face_FaceRecognizer.predict() 函数用于对一个待测人脸图像进行判断，寻找与当前图像距离最近的人脸图像，其一般格式为：

```
label , confidence = cv2. face_FaceRecognizer.predict (src)
```

其中：
- src 表示用于识别的图像。
- 1abel 表示返回的人脸图像识别结果标签。
- confidence 表示返回的信任度，可以反映识别结果的准确性，其值越小，表示匹配度越高，即识别效果越准确。

12.3.3 LBPH 人脸识别的 Python 实现

经过前面的介绍，本节将列举一个实例，从而使读者更加详细地了解 OpenCV 中 LBPH 人脸识别的流程。

【例 12-7】 使用 OpenCV 中自带的人脸识别函数完成一个简单人脸识别程序。

代码如下：

```
import cv2 as cv
import numpy as np
# 创建列表，记录读取的训练数据集
images = []
images.append(cv.imread("F:/picture/lbph/a1.jpg", cv.IMREAD_GRAYSCALE))
images.append(cv.imread("F:/picture/lbph/a2.jpg", cv.IMREAD_GRAYSCALE))
images.append(cv.imread("F:/picture/lbph/a3.jpg", cv.IMREAD_GRAYSCALE))
images.append(cv.imread("F:/picture/lbph/b1.jpg", cv.IMREAD_GRAYSCALE))
images.append(cv.imread("F:/picture/lbph/b2.jpg", cv.IMREAD_GRAYSCALE))
images.append(cv.imread("F:/picture/lbph/b3.jpg", cv.IMREAD_GRAYSCALE))
# 创建标签
labels = [0,0,0,1,1,1]
recognizer = cv.face.LBPHFaceRecognizer_create()   # 生成 LBPH 识别器模型
recognizer.train(images, np.array(labels))          # 训练数据集
# 读取待检测图像
predict_image1 = cv.imread("F:/picture/lbph/a4.jpg", cv.IMREAD_GRAYSCALE)
predict_image2 = cv.imread("F:/picture/lbph/b4.jpg", cv.IMREAD_GRAYSCALE)
# 识别图像
label1, confidence1 = recognizer.predict(predict_image1)  # 识别图像，得到结果
label2, confidence2 = recognizer.predict(predict_image2)  # 识别图像，得到结果
# 输出识别结果
print("label1=", label1)    # 打印识别分类
print("confidence1=", confidence1)  # 打印信任度
print("label2=", label2)    # 打印识别分类
print("confidence2=", confidence2)  # 打印信任度
```

在本例中使用如图 12-7 所示的训练图像。

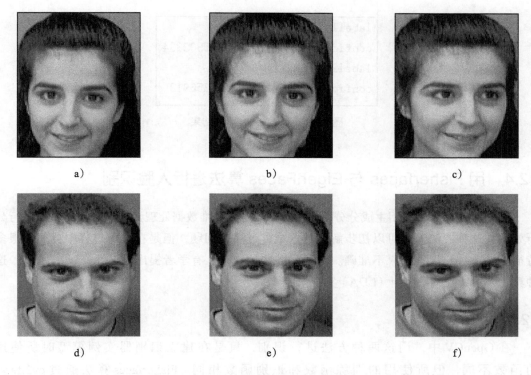

图 12-7 用于训练的 6 张人脸图像

在图 12-7 中，6 张人脸图像分为 a、b 两组。将前三幅图像的标签设定为 0，后三幅图像的标签设置为 1。

图 12-8 中的两幅图用于进行图像的识别。

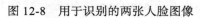

图 12-8 用于识别的两张人脸图像

程序识别结果如图 12-9 所示，可以看出其信任度评分都超过了 50，这是训练集太少造成的结果。

```
label1= 0
confidence1= 63.778994655302334
label2= 1
confidence2= 76.43443544356913
```

图 12-9　例 12-7 的运行结果

12.4　用 Fisherfaces 与 EigenFaces 算法进行人脸识别

EigenFaces 算法使用主成分分析（PCA）方法将高维数据处理为低维数据后，再进行分析处理。这种方法虽然可以初步解决数据维度过高的问题，但是在操作过程中会损失很多特征信息，导致识别结果不准确。为了弥补这种缺点，有学者提出了 Fisherfaces 算法，这种算法采用线性判别分析（LDA）实现人脸识别。

12.4.1　相关函数

在 OpenCV 中，用这两种方法进行识别，只是在建立识别器实例模型时所使用的函数不同，但所使用的训练函数和识别函数相同。Fisherfaces 算法通过 cv2.face.FisherFaceRecognizer_create() 函数生成 Fisherfaces 识别器实例模型，EigenFaces 算法通过 cv2.face.EigenFaceRecognizer_create() 函数生成 EigenFaces 识别器实例模型。

cv2.face.FisherFaceRecognizer_create() 函数的一般格式为：

```
ret = cv2. face.FisherFaceRecognizer_create ([,num_components[, threshold]])
```

其中：

- num_components 表示使用 Fisherfaces 准则进行线性判别分析时保留的成分数量，一般使用其默认值 0。
- threshold 表示识别时采用的阈值。

cv2.face.EigenFaceRecognizer_create() 函数的一般格式为：

```
ret = cv2. face. EigenFaceRecognizer_create ([,num_components[, threshold]])
```

其中：

- num_components 表示使用 Fisherfaces 准则进行线性判别分析时保留的成分数量，一般使用其默认值 0。
- threshold 表示识别时采用的阈值。

12.4.2 Python 实现

经过前面的介绍，本节将列举一个实例，从而使读者更详细地了解 OpenCV 中 Fisherfaces 人脸识别和 EigenFaces 人脸识别的流程。

【例 12-8】 使用 OpenCV 中的 Fisherfaces 和 EigenFaces 完成一个简单的人脸识别程序。代码如下：

```python
import cv2 as cv
import numpy as np
# 创建列表，记录读取的训练数据集
images = []
images.append(cv.imread("F:/picture/fe/a1.jpg", cv.IMREAD_GRAYSCALE))
images.append(cv.imread("F:/picture/fe/a2.jpg", cv.IMREAD_GRAYSCALE))
images.append(cv.imread("F:/picture/fe/a3.jpg", cv.IMREAD_GRAYSCALE))
images.append(cv.imread("F:/picture/fe/b1.jpg", cv.IMREAD_GRAYSCALE))
images.append(cv.imread("F:/picture/fe/b2.jpg", cv.IMREAD_GRAYSCALE))
images.append(cv.imread("F:/picture/fe/b3.jpg", cv.IMREAD_GRAYSCALE))
# 创建标签
labels = [0,0,0,1,1,1]
recognizer1 = cv.face.FisherFaceRecognizer_create()  # 生成 Fisher 识别器模型
recognizer2 = cv.face.EigenFaceRecognizer_create()   # 生成 Eigen 识别器模型
# 训练数据集
recognizer1.train(images, np.array(labels))
recognizer2.train(images, np.array(labels))
# 读取待检测图像
predict_image1 = cv.imread("F:/picture/fe/a4.jpg", cv.IMREAD_GRAYSCALE)
predict_image2 = cv.imread("F:/picture/fe/b4.jpg", cv.IMREAD_GRAYSCALE)
# 识别图像
label1, confidence1 = recognizer1.predict(predict_image1)  # 识别图像，得到结果
label2, confidence2 = recognizer2.predict(predict_image2)  # 识别图像，得到结果
# 输出识别结果
print("label1=", label1)  # 打印 Fisher 识别器模型识别分类
print("confidence1=", confidence1)  # 打印信任度
print("label2=", label2)  # 打印 Eigen 识别器模型识别分类
print("confidence2=", confidence2)  # 打印信任度
```

在本例中使用如图 12-10 所示的训练图像。

a)   b)   c)

图 12-10　用于训练的 6 张人脸图像

d)   e)   f)

图 12-10 （续）

在图 12-10 中，6 张人脸图像被分为 a、b 两组。前三幅图像的标签被设定为 0，后三幅图像的标签被设置为 1。

图 12-11 中的两幅图用于图像的识别。

a)   b)

图 12-11   用于识别的两张人脸图像

程序识别结果如图 12-12 所示，可以看出其信任度评分都远远超过了 50，这是训练集太少造成的结果。

```
labe11= 0
confidence1= 1138.1368385816195
labe12= 1
confidence2= 1285.035772431494
```

图 12-12   例 12-8 的运行结果

12.5 思考与练习

1. 概念题

（1）简要介绍 OpenCV 中提供的几种绘图函数。

（2）什么是人脸识别？人脸识别的基本流程是什么？

（3）简述 LBPH 人脸识别算法、Fisherfaces 人脸识别算法和 EigenFaces 人脸识别算法的使用过程。

2. 操作题

（1）利用 OpenCV 中提供的 Haar 级联分类器实现图 12-13 中的人脸检测。

（2）针对图 12-7 中的训练图像和图 12-8 中的测试图像对比 LBPH 人脸识别算法、Fisherfaces 人脸识别算法和 EigenFaces 人脸识别算法的识别效果。

图 12-13　题 2（1）测试图像

机器学习与深度学习：通过C语言模拟

作者：[日]小高知宏 著 译者：申富饶 于僡 译 ISBN：978-7-111-59994-4 定价：59.00元

本书以深度学习为关键字讲述机器学习与深度学习的相关知识，对基本理论的讲述通俗易懂，不涉及复杂的数学理论，适用于对机器学习与深度学习感兴趣的初学者。当前机器学习的书籍一般只讲述理论，没有具体的程序实例。有些以实例为主的机器学习书籍则依赖于一些函数库或工具，无法理解其内部算法原理。本书没有使用任何外部函数库或工具，通过C语言程序来实现机器学习和深度学习算法，读者不太理解相关理论时，可以通过C语言程序代码来进行学习。

本书从强化学习、蚁群最优化方法、神经网络、深度学习等出发，分阶段介绍机器学习的各种算法，通过分析C语言程序代码，实际执行C语言程序，使读者能快速步入机器学习和深度学习殿堂。

自然语言处理与深度学习：通过C语言模拟

作者：[日]小高知宏 著 译者：申富饶 于僡 译 ISBN：978-7-111-58657-9 定价：49.00元

本书初步探索了将深度学习应用于自然语言处理的方法。概述了自然语言处理的一般概念，通过具体实例说明了如何提取自然语言文本的特征以及如何考虑上下文关系来生成文本。书中自然语言文本的特征提取是通过卷积神经网络来实现的，而根据上下文关系来生成文本则利用了循环神经网络。这两个网络是深度学习领域中常用的基础技术。

本书通过实现C语言程序来具体讲解自然语言处理与深度学习的相关技术。本书给出的程序都能在普通个人电脑上执行。通过实际执行这些C语言程序，确认其运行过程，并根据需要对程序进行修改，能够更深刻地理解自然语言处理与深度学习技术。